産経NF文庫
ノンフィクション

本音の自衛隊

桜林美佐

潮書房光人新社

本音の自衛隊——目次

序に代えて——自衛隊に対する日本人の誤解

第1章　苦悩の時代に生きた自衛官の「戦史」

第2章　国際的に評価されるようになった自衛隊

第3章

屈強な精鋭たちの意外な素顔

第4章　日本国民が知らない自衛官の「当たり前」

第5章 「何かが足りない」自衛隊

本音の自衛隊

序に代えて——自衛隊に対する日本人の誤解

「超法規的な行動」をとれば自衛官は罪に問われる

何年か前のある休日、北海道の広い道を、私服姿の若い自衛官の運転で走ったことがある。

「○○くん、もうちょっとスピード出せないかな……」

助手席の男性が速度を上げるように促すが、ペースは一向に変わらない。後続の車はしびれを切らして、対向車線からビュンビュンと追い越していく。

「わかった、わかった。自衛隊の人に、そんなことを言ったらいけなかったね。でも、このままじゃ飛行機に間に合わなくなるから、運転、ちょっと代わってもいいかなあ？」

かくしてドライバーは、車の持ち主ではない人に代わることになった。この日は、北海道を訪れた私を、地元の隊員さんと主催関係者の方が空港に行く前に観光案内をしてくれたのだが、一般の人の感覚では15分くらいと見込んでいた道に、倍の時間がかかってしまった。

法定速度を見れば、あくまでも彼（自衛官）が正しい。世の中のほとんどのドライバーは道路交通法など守っていないのかもしれないが、自衛官にとっては、法はあくまでも法。自衛官はどんなときでも違反にならない、いわゆる「自衛隊走行」。「融通がきかない」と思う人もいるかもしれないが、それが自衛隊なのである。

日本人の多くは「法に従って行動する自衛隊」という本質の部分を、あまりよく理解していないのではないか――と私は感じることが多々ある。だからこそ平和安全法制（安保法）の議論も、自衛官の直面する現実とあまりにもかけ離れていたのではないだろうか。

「いざとなれば、自衛隊はやってくれるんだろう?」

こんなふうに、実際のところ、少なからぬ人々が期待しているのではないか。

「憲法も変えないほうがいいような気がするし、集団的自衛権の行使も戦争に巻き込まれるかもしれないのでやめたほうがいいだろう」などと言いながら、本当に国民が危機に陥るような場面になったら、きっと助けてくれるのだろうと思っているとしたら、これはとんでもない誤解だ。

たとえ国民の命を守るためとはいえ、もし「超法規的」な行動をとれば、自衛官が個人的に罪に問われることになる。そんなことを平気でさせようというのだろうか。「法を守れ」「法治国家だ」と言いながら、日本人が皆100％国内法を守っているとはとうてい思えない。それゆえ、一般国民は自衛隊に対しても本当は「それほど厳密に法を守らなくてもいいのではないか」と思っているのではないか？

この漠然とした期待が、安保法という非常に抑制的な法整備すら、スムーズに進めさせなかった要因になっているような気がしてならない。

言うまでもなく、この認識は間違っている。もし、自衛官に、「ここは広い道路だし、他に車もいないのだから、もう少し速度を上げてほしい」と思うなら、道路交通法を変えることを考えるべきだろうし、同じように、海外で危ない目に遭《あ》ったときに、近くを通った自衛隊に助けてもらいたければ、根拠となる法を変えておかなくてはならないのだ。

つまるところ、多くの日本人にとって法律とは、「ある程度、守っていればいい」くらいのものなのではないか。そうであれば、その日本人が自衛隊の行動に対して「違法性」や「法の安定性」云々《うんぬん》を問う資格はないだろう。

自衛官に違法行為をさせるわけにはいかない。

だから法を整えなければならない。

それだけのことだ。

「駆けつけ警護」への過大評価

自衛隊に対する誤解は、まだある。

「安保法制などに関して、自衛官はどう思っているの?」とよく聞かれるが、そうした疑問を持つこと自体に、私は逆に疑問を感じてしまう。自衛隊は、「やれ」と言われればやるし、「やるな」と言われればやらない。そういう組織だからだ。

自衛隊は与えられた条件下で、最大限の成果を追求する。法に不備があろうが人員や装備に不足があろうが、その範囲内で全力でやり抜こうとする。目的達成のために、たとえ自らの骨を削り、肉を裂くことになっても、血を流しながら、身を粉にして、彼らは任務を遂行《すいこう》しようとするだろう。

これを象徴していると思われるのは、いわゆる「駆けつけ警護」である。安保法成立のために尽力された方々には恐縮な言い方になってしまうが、どうも賛成する側も反対する側も過大評価しているようだ。

今般の法改正(2015〈平成27〉年9月)では、従来より踏み込んだ武器使用が可能となり、自分や自己の管理下に入った人を守るためだけでなく、妨害する相手を排除するための武器使用も認められるようになった。

だが実際には、通常の軍隊の標準からすればまだ抑制されたものであり、相手に危害を与える武器の使用は正当防衛・緊急避難に限定されていることに変わりはない。

これまでは自己と自己の管理下という近くにいる人を守ることは許されても、隣の建物にいる国連職員を助けたり、離れた場所から日本人に電話で助けを求められても駆けつけたりはできなかったので、今回の改正は、関係者のあいだで「武器使用制限があるとはいえ、マシになった」と評価されているにすぎない。

そもそも、ＰＫＯ（国連平和維持活動）などにおいては、派遣された地域で何か起きた場合、自衛隊に出動要請が来ることは考え難く、一義的には、現地の治安当局や治安任務にあたる他国軍の歩兵部隊が対応することになる。

たまたま近くにいた場合などは自衛隊が駆けつけるシーンがあるかもしれないが、そうでなければ、行動に制約がある自衛隊がわざわざ選ばれる可能性は低いだろう。

ただ、そうは言っても、自衛隊は法で決められていないことは何一つできないのであり、万が一の事態を考えれば、必要な法整備だったということである。

「この程度の変更では意味がない。かえって誤解を与え、事態を複雑にする」と指摘する声もある。

相手が撃ってきたら初めて撃ち返せるという、他国軍と基準が異なる自衛隊はかえって足を引っ張るのではないか——ということだ。相手より先に攻撃することが許されない自衛隊は、事実上「駆けつけ警護」はできないのであり、法改正は無意味で自衛官をより危険に晒《さら》す、と。

この指摘は、的を射《い》ていると思う。海での「海上警備行動」も同様で、軍が出動しても行動が警察と同じでは、危険極まりない。誰もが自衛隊を「軍」と見なすことは疑いようがないからだ。

自衛官は「不自由」と感じるレベルが一般人と違う

しかし一方で、自衛隊を語るにあたって、私たちが知らないポイントが1つある。自衛隊の活動には、理論では割り切れないものがあるようなのだ。それは「現場感覚」と表現するのが相応《ふさわ》しいかもしれない。自衛官たちはこの独特の感覚によって今回の法改正を「進歩した」と前向きに受け止めているのだ、と私は想像する。

何しろ、これまでは邦人に助けを求められたり、一緒に活動する他国軍に何かあったりしても、法的には見過ごすことしかできず、まったく行動が許されなかったのであり、その心中は耐え難いものだっただろう。

それでも、休暇をとって散歩に行く名目で偵察に出たり、もし危ない場面に出くわしたら正当防衛にするため「自分が盾になって撃たれるつもりだった」などという話は数多くあった。

そのような状況であったので、たとえ武器の使用には制限があったとしても、現場に駆けつけることが法に反する行為にならないだけでも「駆けつけられないよりはい い」という、いわば、「よりマシ」論である。「人の道」の話なのだ。

また、自衛隊ならではの現場感覚として、自衛官は「不自由」と感じるレベルが一般人と違う点も特徴だ。

とくに野戦の過酷な訓練をしている陸上自衛官は、たった一杯の水を飲めるだけで、あるいは靴や靴下を脱げるだけで、このうえない幸せを感じたり、物の足りないなかでも何とかしたりしてしまう天才である。陸上自衛官は、満足を感じる点において、私たちと大きな差があるのだ。

今回の改正は、これまで身体を100本くらいのロープでキツく縛られていたものが1本だけ解かれたにすぎない。

しかし、その評価が学者の先生たちとズレているのは、雨水でできた水溜まりで足を洗っただけで至福のときと感じる人と、常にもっと満たされることを求めている一般的な感性との差であって、つまりは、この感性の違いを議論しても、永遠に解決を見ないのだ。

いずれにしても「駆けつけ警護」は、「建てつけの悪い法」であることは間違いない。これは賛成派・反対派ともに同意するところだろう。

もっとも大事なことは、これをして「自衛隊が何でもできるようになった」などという見方をするそそっかしい人がいないように、周知徹底することだ。この認識共有は政府関係者や在外邦人に、とくにお願いしたい。

問題視すべきは教育訓練環境の不足

なお、「駆けつけ警護」が可能になったのは、南スーダンＰＫＯの活動からだ。ＰＫＯの場合はあくまでも国連の指揮下に入り、前述したように、わざわざ治安任務がメインではない自衛隊に（南スーダンでの活動の中心は道路などをつくる施設部隊）救援の要請が来る蓋然性《がいぜんせい》は低い。また、そもそも行動制限がかかった場合は、日本が「駆けつけ警護」をしたいと言っても、勝手な行動は許されるものではない。かりに現地で何らかの事案が発生し、邦人輸送などを期待するならば、別途、日本から部隊を進出させるのが理であるが、そのためには現地政府の許可や地位協定の締結などの手続きが必要になり、容易ではないだろう。

とにかく、そんなPKOの事情も知らずに勝手な議論をしてきたのが、わが国のお粗末な実情なのだ。本来はもっとまともな議論をしたかったに違いないが、それをさせてもらえなかったのだから仕方がない。

そして、このような「駆けつけ警護」に対する反論のなかでも、とくに的外れだと思うのは、次のような「自衛隊員の声」を反対の根拠にしているものだ。

「海外派遣から帰ってきた後も、銃弾の音が頭から消えず悩む知人もいる」

「(射撃訓練で)標的を円形から人の形にすると、とたんに成績が落ちる隊員もいる」

「撃てない隊員もいるだろうが、そのときになってみないとわからない」

だが、自衛官、とくに陸上自衛隊の隊員にとって小銃は「魂」であり「誇り」である。にもかかわらず、まるで「銃は悪い道具」であるかのような前提になっている。

たしかに銃による犯罪があるから、銃は怖い。しかし、包丁による殺人が起きたからといって、それを商売道具にしている板前さんから刃物を取り上げたりしないのと同様に、「引き金を引けるのか」と自衛官に対して問うのは失礼だという感覚が少なからぬ日本人にはないことが、私はとても残念だ。

それはともかくとしても、むしろ問題視すべきは、射撃の回数が年に1回程度しかないといった、教育訓練環境の不足である。

実弾を撃つ現場にいれば、音が脳裏に残り、銃撃戦の夢を見たりすることは驚くとではない。人形《ひとがた》の標的の中で指定された的だけを撃つ訓練は難易度が高く、成績が落ちるのは当然だ。それらを克服するために、数百~数千の弾を常に撃つべきなのである。

それでも精神的に耐えられないとか、うまくできないようならば、その人は自衛隊に相応しくないのであり、辞めるか職種を変えるべきだろう。何しろ、「そのときになってみないとわからない」などということは、あってはならないのだ。

そのために、訓練はもちろん、事前の準備を万全にすることが不可欠であり、まして「選挙があるから」などと政治日程に振り回されて訓練ができないなどということは、言語道断である。

今回の改正は、「訓練ができるようになる」ことも大きな一歩なのだ。実際に「駆けつけ警護」をするかしないかにかかわらず、訓練を充実させることは極めて重要だと私は思う。

満たされない環境のなかでも死力を尽くす

東日本大震災発生後の自衛隊の活動についてまとめた拙著『日本に自衛隊がいてよかった』（産経NF文庫）は、想像以上に多くの方に読んでいただけた。

著者として嬉しいことではあったが、実は当初、この本を出版することに私は前向きではなかった。それは、国防を担う組織である自衛隊が災害派遣で活躍したことだけに注目するのは本意でなかったからだ。

しかし、その考えは近視眼的であることに、次第に気づくようになった。なぜなら、後日、諸外国からの自衛隊に対する評価を耳にしたとき、あの災害派遣での姿が、自衛隊の強さを見せつけることになったとわかったからだ。

自衛官が過酷な環境下で黙々と活動を行った当時の様子は、周辺国には「脅威」と映った。つまり、「この国には、国土や国民を守るために、自らやその家族が犠牲になっても献身する者がいる」と図らずも知らしめることになり、日本侵攻の意志を挫《くじ》くことに繋《つな》がっているのである。

もちろん、当事者である自衛官もそこまでは考えなかっただろうし、私たち日本国民のなかにも自衛隊の活躍ぶりは当たり前のように思っている人もいるだろう。

日本国内ではそれほど知られていないかもしれないが、あの泥だらけの活動が持っていた抑止効果は極めて大きいと理解していいと思う。とりわけ、これまで海・空に比べて全容が見え難かった陸軍種の実力も明らかになったことは、インパクトが大きいのである。

また、これもあまり知られていないが、退官した自衛隊OBの人々がボランティアで、でき得る様々な支援活動をしていたことなども、「日本の底力」が表に出たものだと言っていいだろう。

「自衛隊は戦えない」

このように言われることが、しばしばある。たしかに、そうなのだ。憲法に起因する法的な制約や、長年にわたる人員や予算削減の影響による人手不足、惨憺《さんたん》たる備蓄に個人装備……。とても他国に知らせられない現状も、多々ある。

だが一方で、自衛隊の能力は世界一だと言っても過言ではないと私は思う。その根拠は縷々《るる》述べてきたように、満たされない環境の中でも死力を尽くす精神力である。そのすごさを、私たち日本人はほとんど知らないし、気がついてもいない。

彼らがどれほど無理をしているかを知らないので、憲法に起因する法の縛りを解消させることへの理解も得られない。個人携行品を自腹で買っている状況の改善のために、防衛費を増額する必要性も感じていない。さらには、人員を増やして休みがとれ

東日本大震災人命救助活動（陸上自衛隊ＨＰより）

ない環境を改めることも……。

政治の世界では、新しい法律をつくったり大きな装備の調達を決めたりすることのほうが目立つし、成果に繋がる印象を与えるが、実はこうした細々《こまごま》とした問題点を１つひとつ良くしていくことのほうがむしろ大事なのだ。

「防衛省も自衛隊も、何も言ってこないよ」と首をかしげる政治家もいる。そうなのだ。繰り返しになるが、この組織には「与えられた環境で最大限」という概念しかないので、不足を訴えることはまず、ない。逆説的に言えば、私たちは彼らの「できます」を、ある種の疑いを持って受け止める必要があるのだ。

誤解をされては困るが、「自衛隊が気の

毒だから」、状況を改める必要性を訴えているのではない。日本の置かれる安全保障環境が日に日に厳しいものとなるなかで、これでは長期戦を戦えないからだ。

また日本には、南海トラフ地震や首都直下地震などの大規模災害がいつ起きてもおかしくないといった特殊な事情もあり、有事と災害派遣の複合事態なども起こり得る。自衛隊が常に無理をしている状態では、訓練もままならず、精強性《せいきょう》を維持できない。自衛隊の頑張りの受益者は私たち国民であり、また、自衛隊がよりいっそう頑張れるようにすることができるのも、私たち国民である。

この本に記したのは自衛隊の活動の氷山の一角にすぎないが、少しでも自衛隊の真実の姿を、多くの国民の皆さんに知っていただければ幸いである。

第1章

苦悩の時代に生きた自衛官の「戦史」

「これは軍隊だ」

自衛隊を誕生させたのは朝鮮戦争だった、と言っていい。1950（昭和25）年6月のこの戦争において、実戦参加した各国はすっかり疲弊して多大なダメージを受けたが、その傍らで思いがけず恩恵を受けたのは、日本だった。

前戦の軍人たちがひと時の休暇を過ごした九州では夜の街が繁盛し、「金へん景気」で鉄工所が増産、「糸へん景気」と呼ばれる化繊ブームも起きた。結局、この戦争によって仮死状態だった日本経済が見る見る息を吹き返したのだ。

パチンコ・ブームもあった。ピレット弾という飛行機から撒布《さんぷ》する尾翼付きの弾が大量に製造されたために余ってしまい、それがパチンコ玉になったことが始まりだったのだとか。とにかく朝鮮戦争は、様々なかたちで日本の復興を後押ししたのである。

そしてその頃、にわかに現実味を帯びてきたのが「日本の再軍備」だった。当時、駐留していた米軍が出兵することで、日本国内の兵力が空洞化してしまうため、それを補う必要が出てきたのだ。

1950（昭和25）年7月、マッカーサーは日本に対して次のように告げる。

「日本の社会秩序維持を強化するため、現有12万5000人の警察隊に7万5000人のナショナル・ポリス・リザーブを設置、8000人の海上保安官の増員を許可する」

「許可する」としているが、事実上の命令であった。しかし、当時の日本は、この「ナショナル・ポリス・リザーブ」とは何のことなのかが、実はよくわからなかったのだ。

「ポリスだから、警察力増強という意味だろう」

「再軍備を進める」などとはとても言い出せない空気のなかで、気づかないふりもあったのだろうか。いずれにせよ、戦争で多くを失った日本人には厭戦《えんせん》気分が広がっており、「軍」という言葉に対する抵抗感がひときわ大きくなっていた時代である。寝耳に水のようなオーダーであった。

ともあれ、「ナショナル・ポリス・リザーブ」は「警察予備隊」と翻訳され、マッカーサーの指令から1ヵ月後に「警察予備隊令」が持ち回り閣議で決定されることになる。

永野節雄氏の『自衛隊はどのようにして生まれたか』（学研）によれば、「警察予備隊令」を作成するにあたり、ＧＨＱ（連合国軍最高司令官総司令部）と折衝を重ねた政府関係者は、徐々に、「これは、警察ではなくて軍ではないか？」と気づきはじめたという。

警察予備隊の創設準備を担当していた国家地方警察本部の課長は、米軍から渡された編成や装備の一覧を自宅に持ち帰り、蚊帳《かや》の中で密かに翻訳作業をした際、「これは軍隊だ」と確信したという。

上陸作戦にこだわりを持っていた当時の米軍は、兵力をごっそり朝鮮半島へ投入した。そのため日本はもぬけの殻。急遽、その穴埋めが必要となったが、それをあからさまにするわけにいかない事情もあった。とりわけ、ソ連の侵攻が危惧《きぐ》されていた北海道への兵力配備は不可欠な情勢であり、このことが現在の陸上自衛隊を誕生させたのである。

「海上警備隊」の誕生

一方、海上自衛隊は少し違う経路を辿った。

海上自衛隊初期（海上警備隊）に配備されたくす型護衛艦（警備艦）

前述のマッカーサーによる8000人の海上保安官増員については、朝鮮戦争においてわが国から特別掃海隊が出動したことにより翌年に持ち越され、その傍らで、米海軍と日本の旧海軍出身者のあいだでは、再軍備に向けた動きが隠密裏に進められていたのである。

知る人ぞ知る「Y委員会」である。「Y委員会」による検討は1952（昭和27）年から本格的にスタートしたといい、ここでまず議論されたのは「新しい組織を海上保安庁に吸収させるか否か」であったが、答えは「NO」。旧海軍関係者は「海上保安庁では海軍に必要な精神的要素に欠く」として「海軍」の必要性を強く訴えたという。

Y委員会は新生海軍を、とりあえずは海上保安庁を（仮の宿）として立ち上げることで落ち着かせ、それが「海上警備隊」の誕生となる。この「海上警備隊」新設を盛り込んだ海上保安庁法改正案は1952（昭和27）年4月26日に公布・施行され、まずは海上保安庁に母屋を借りるかたちで発足したのである。

海上警備隊は、6038名の募集のうち3000名を海上保安庁と第二復員局から採用、うち1700名は海上保安庁に所属し、掃海作業にあたっていた人員がそのまま移行することになった。その他の人員は一般から募集することになったとはいえ、やはり艦船を操れる海軍出身者が歓迎されることになる。

募集が開始されたのは4月28日だった。そう、サンフランシスコ平和条約が発効し、まさに日本が主権を回復した日である。同時にすべての軍人の公職追放も解除された。それらの人々がいっせいに応募できるようになったことにより、同組織は、その大半を海軍出身者が占めることになったのである。

警察予備隊の涙ぐましい努力

他方、警察予備隊については、この2年前にすでに発足《ほっそく》して人も集められていたが、当時はまだ旧軍人の採用は認められていなかったため、シビリアン中心の組織として立ち上がっていた。

陸軍出身者のあいだでは、当時、服部卓四郎らが「新国軍」創設の構想を持ち、密かに人集めの作業を進めていたようであるが、結局、警察予備隊創設計画からは排除されることになり、旧職業軍人たちは締め出されることになったのだ。

警察予備隊

しかし、そんな状況下で集められた人たちは、そもそも軍人としての教育を受けたわけでもなく、さらにこの組織が警察なのか軍隊なのかが曖昧な認識でスタートしていることから、間《ま》もなく混乱が生じることになる。

「警察だというから入ったのに、やっていることは軍隊じゃないか」という理由で辞める、入隊を思いとどまる――そんな人々が次々に出現し、発足1年後の1951（昭和26）年には、定員の1割近い7300名もの欠員が生じる事態になってしまったのだ。

このため、若手の旧軍人にも門戸を広げることになる。陸軍士官学校58期以降、海軍兵学校74期以降の面々である。

これらの人たちは終戦間《ま》際《ぎわ》で短縮された教育期間を経て少尉に任官されるも、すぐに終戦となったため、現役であったのは卒業から終戦までのほんのわずかな期間だけであった。それだけの経歴で制裁を続けるのは気の毒だということで、1951（昭和26）年には公職追放を解除されたのである。

間《ま》もなく警察予備隊は「保安隊」と名前を変える。これに伴って人員も増やす方向だったが、世の中が裕福になりつつあるなかで、これまで魅力だった給与や退職金などの条件にさほど魅力がなくなり、応募の減少は止まらなかった。

日本が独立を果たし、公職追放がすべて解除されることになったのは、そんなときだった。そこで保安隊の採用範囲は、旧軍の大佐級に広がることになる。

しかし、このことは更なる混乱も招く。先に入った者は軍事知識も経験も浅いものの、後から入った旧軍出身者よりも先輩になり、階級も高い。つまり、ベテランクラスが下位に位置づけられるという、両者にとって、まことに居心地の悪い状況ができあがったのだ。

このように、発足時から旧軍出身者が組織を固めてその理念も確立されていた現在の海上自衛隊と、ひたすら「軍」をイメージさせないよう腐心しながら設立された現在の陸上自衛隊とでは、特質に違いがあると言っていい。陸上自衛隊と海上自衛隊の〝2歳の年の差〟は、実は大きな違いなのだ。

使用する用語についても、警察予備隊では涙ぐましい努力があった。海上自衛隊では旧海軍の言葉が今も使われることが多いが、陸上自衛隊では歩兵を「普通科」、砲兵を「特科」、工兵を「施設科」などと呼称するのは、その名残《なごり》である。

枚挙に暇がなかった不備不足

ところで、警察予備隊発足と時を同じくして、その管理・運営を担う警察予備隊本部もできている。これが防衛省の前身と言える。

防衛省は2007年に「省」に昇格しているが、長年のあいだ「防衛庁」であった。これは警察予備隊本部当時から「自衛隊の管理・運営」を行う機能であることに変わりなく、「省」になったことでやっと「国の防衛に関する政策の企画立案」をする官庁になったわけだ。

防衛省は名実ともに、防衛庁時代の「自衛隊の管理・運営」を行うだけの組織からの脱却をしなければならないだろう。

その後、海上警備隊と保安隊（警察予備隊）は統合し、1952（昭和27）年に「保安庁警備隊」が新設されることになる。しかし、これはまだ外敵から国家を守る自衛力に足るものではなかった。

1954（昭和29）年の吉田茂首相による施政方針演説で、「保安隊・警備隊をそれぞれ陸上自衛隊・海上自衛隊に切り替えるとともに、航空自衛隊も創設する」と表明されたことが、いわゆる日本の新国軍幕開けとなったのだ。

防衛省正門(産経新聞社より)

ただ、いずれにせよ米国からの装備提供を受けることが前提であり、「再軍備」「新国軍」と言っても、米国の力なくしては成し得ないことであったのは言うまでもない。

現在は米国から直接に装備提供をFMS(対外有償軍事援助)というかたちで受けているが、無償提供が有料になったままのことで、むしろ過去の分まで払っているということなのかもしれない。だからといって、自衛隊が今なお嬉々としてFMSに偏重すべきではない。いずれにせよ、このあたりの経緯は意外に忘れられているのではないだろうか。

ちなみにドイツでは、警察予備隊の発足と同年である1950年に西ドイツ軍を創設してNATO(北大西洋条約機構)に編入することがNATO理事会で決定したが、国防省が設置され、本格的にスタートしたのは1955年になってからということであり、いかに日本においては急ごしらえであったかがわかる。

「2年勤めれば6万円の退職金」

その謳《うた》い文句が戦後の〝食うや食わずの時代〟に警察予備隊の応募を後押ししたのだが、世間の彼らを見る目は冷たかった。「国のために再び立ち上がってくれて、ありがとう」などと言う人はいなかった。「税金泥棒!」「6万円が歩いてる」といった侮蔑の言葉だけが投げかけられたのだ。

生活苦という理由だけでなく、「日本の平和のために」という志で入隊した者もいたが、そんなことはまったく理解はされなかった。警察予備隊の帽子には平和の象徴の鳩があしらわれていたものの、誰も彼らを〝平和の使者〟とは見なさなかったのである。

実際、裕福にやっていると見られていた警察予備隊の実態は、とても充実したものではなかった。給料の遅配、冬になっても冬服が届かないなど、不備不足は枚挙《まいきょ》に暇《いとま》がなかったのである。とにかくこのように、評価もされないし満たされもしない時代が長く続くことになる。

旧陸軍に対する「負」のイメージを背負う

それぞれ出自は違うものの、それは自衛隊共通の痛みやコンプレックスとなっていったことは間違いない。

わけても陸上自衛隊は、前述したような誕生の経緯や国民の目に触れることの多い特性からも、もっとも差別を受けたであろうことは想像に難くない。おそらく多くのOBたちが、誰にも言いたくない苦《にが》い思い出を心の奥底にしまいこんできたであろう。

しかし日本の場合は諸外国と違い、自衛隊は一朝有事となれば国民のすぐそばで戦わねばならない。「専守防衛」とは、そういうことである。

部外の人々と交流することは、わざわざ悪口を言われ、嫌な思いをしにいくようなものだが、侵攻事態になったときにパニックが起きないためにも、平素から関係を構築し、自衛隊に対する理解を得る必要があった。そもそも本来、軍は国民の支持があってこそのものである。

それがゆえに、地域の祭りに積極的に参加し、地元の道路整備などの部外工事に奔走した。自治体としても、彼らは無料で、言われたとおりに道路の舗装などをしてくれるわけだから、都合がいい。しかし、その歴史を紐解けば、やや卑屈と言ってもいい過去が見えてくるのである。

ノンフィクション作家の佐瀬稔氏が記した『自衛隊の三十年戦争』(講談社)によれば、北海道や東北の連隊では真冬に国鉄(日本国有鉄道、現・JR)の要請で線路の除雪作業などに出動していたという。

降り積もる雪を掘り進み、凍りついた箇所を見つけては氷を溶かす、という辛い作業の傍らで、国鉄職員たちは夕方になると帰っていく、あるいはストーブに当たりながら自衛隊の作業中の様子を眺めている、といったことがしばしばあったようだ。組合のルールなのだから仕方がない、ということなのだ。

「取り乱すな」

そんなときでも、指揮官は隊員にそう言い聞かせた。

「われわれはふだんからそんなふうに教育されている。何をされても文句をいうな、とね。われわれは日かげの子なのです。日かげの子が、世間さまの前で大きな顔、一人前の顔をしてはならないのは当たり前でしょう。何も、リキんで卑下しているのではない。二十何年かの自衛隊生活のうちに、そういう考え方が身についてしまったわけです。

あのとき、若い隊員のなかにはブルブル震えているのがいました。指揮官の方をチラチラと見ているのがわかる」（『自衛隊の三十年戦争』）

戦車部隊が訓練をするときは、演習場まで100キロ以上の一般道を戦車で走行するものの、沿道の住民にはめっぽう嫌われた。そこで、各戸を訪ねて謝って回ったり、戦車とわからないように車体をカバーで覆《おお》ったり、訓練の後は泥ハネがあるため、ホウキを持った掃除部隊が戦車の通過した道を延々と掃いて歩いたという。

「こんなことをするために自衛隊に入ったのか……」

その悔しさを口に出すことなく、ぐっと呑み込みつづけた時代だった。無料道路工事に励む施設部隊、ホウキ片手に泥に気を配る戦車乗り、第一線の連隊長は「地域住民の理解を深めるため」毎夜の宴席で座持ちに精を出すというサービス業さながらの日々……。

それらは、日本人に刷り込まれた旧陸軍に対する「負」のイメージをそのまま背負うことになった、陸上自衛隊の悲哀であった。

「自衛隊の応援団」と称する人たちの錯誤

一方、「陸上自衛隊には、そうした地元との関係づくりで私腹を肥やしていた人物も少なからずいた」という話は今でも語られている。「だから奴らは汚い」などと嫌う向きもあるようだが、それが陸上自衛隊幹部のすべてでないことは言うまでもない。大半は、人々の心ない批判の声に辛抱しながら職務をまっとうした。

とくにこの頃は、「愛される自衛隊」をめざすあまりの迷走もあったのではないだろうか。

ただ気になるのは、今なお「自衛隊の応援団」と称する人たちが、地元部隊のトップに倒れるほど酒を飲ませるなどして悦に入《い》っていることだ。挙句の果てに、「自衛隊音楽まつり」「総合火力演習」のチケットを大量に要求するなど、目に余る。

地元との関係を深めることは非常に大事で、様々な場面で協力者の支援を受けていることも確かだ。また隊員の再就職先確保など、色々な意味において必要であることは十分承知であるが、もはや現在の自衛隊はそこまでして「媚びる自衛隊」ではないはずだ。

大規模災害やテロ、北朝鮮の動向など、不測の事態が起きる蓋然性はますます高まっているなかで泥酔した部隊指揮官がいれば、即応態勢がとれないばかりか、部隊の士気にも関わるだろう。そんなことに配慮できない「応援団」であれば、国防を阻害するだけだ。「自衛隊反対」を叫ぶ人よりもむしろ自衛隊に理解を示す格好で近づき、誤ったかたちでの応援をしている人のほうが厄介かもしれない。もちろん自衛官が進んで飲む分には、そのかぎりではないが……。

昭和40（1965～74）年代の幹部のなかには、卑屈ともとれる陸上自衛隊員の状況に楔《くさび》を打ち込んだ人もいたようだ。

あるときの第9師団長が、同師団の最大部外支援とも言える「ねぶた祭り」で、自衛隊だけが他の参加者から離れた場所でポツンと持参したおにぎりを食べているのを見て、「曹・士がどんな思いで参加しているのか」というアンケート調査を実施したことがあったそうだ。すると、「差別されてまで出たくない」「苦痛だ」といった答えが出てきた。

声をかければ尻尾を振って出てくる、それも手弁当で来るので金はいっさいかからない――それは本来あるべき姿ではないと思い、その師団長は翌年からの参加を断ったという。

自衛隊の本分は訓練を重ねて精強な集団になること――その本筋はわかっていても、

実際に地元との繋《つな》がりをばっさり断ち切れる人は、そうはいない。たとえ、いたとしても、出世はとうていできないだろう。

そんな時代にも、ささやかな抵抗をした猛者《もさ》もいたのだ。それはまた、自らの保身や出世のために曹・士たちを無料の人足のように使って憚《はばか》らない、同じ幹部連中に対する痛烈な批判だったのかもしれない。

「〝愛してちょうだいよ〟としなだれかかっては嫌われる、醜女《しこめ》の厚化粧と見えました」(『自衛隊の三十年戦争』)

「自衛隊は憲法違反の後ろめたい存在だ」と言われつづけ、それがゆえにお座敷がかかれば喜んで出ていく。そんなことが当たり前の時代だった。曹・士の隊員たちは、それでも「命を捨てて国を守れ」と言われ、訓練に励んだのだ。

この見えざる歴史の全容は、おそらく防衛省にも防衛研究所にも残されていないだろう。苦悩の時代に生きた自衛官の胸の内にのみ存在する、密かな「戦史」だと言っていい。

血と汗を流した日本特別掃海隊の努力

一方、旧海軍出身者により続けられていた機雷《きらい》の掃海作業は海上保安庁の所管となり、朝鮮戦争においても、その必要性が高まっていた。そして、彼らは朝鮮掃海にも赴き、殉職者1名を出している。

これを含め、戦後、国内の航路啓開作業を始めて以降、79名の殉職者を出している。しかし、これらの機雷掃海作業はハーグ条約に違反していることから、GHQは殉職者の発表をせず、長年のあいだ秘匿《ひとく》されていたのである。

朝鮮特別掃海には、のべ約1200人が赴き、旧海軍士官は52人であった。これが海上自衛隊の前身と言っていい。

初代海上保安庁長官の大久保武雄氏は、著書『海鳴りの日々』（海洋問題研究会）で綴っている。

「莫大な朝鮮特需で仮死状態の日本が復興した。朝鮮戦争を『他人の戦い』と見て儲けに走った当時の日本人の気持ちと引き換えに、朝鮮戦争で日本人が名誉ある地位についてもらいたいと国連軍に協力し、危険で困難な朝鮮掃海に青春を捧げ、血と汗を流した日本特別掃海部隊の努力のあったことは、三十年間知らされなかった」

この掃海隊の働きがサンフランシスコ講和条約の時期を早めたという見解は、おそらく当たっているだろう。日本国内では「憲法違反」の疑いもあったが、日本の独立は、建前だけでは成し得なかった証左ではないだろうか。

なお、掃海部隊の活躍については拙著『海をひらく――知られざる掃海部隊』(並木書房)で細部を記している。

「非公式に」動いた陸・海・空自衛隊

昭和の自衛隊事件簿に間違いなく登場するのが「ミグ25飛来事件」だ。1976(昭和51)年9月6日、ソ連空軍のヴィクトル・ベレンコ中尉がミグ25戦闘機により防空網をかいくぐって領空侵犯し、函館《はこだて》空港に着陸、米国への亡命を求めた事件だ。

対領空侵犯措置は航空自衛隊の任務であるが、領空侵犯した機体については自衛隊の範疇《はんちゅう》ではないというわけで、北海道警察が対処にあたることとなった。そのため、自衛隊は事実上、締め出されるかたちとなった。

しかし、「ソ連が機体を奪還しに来る」「破壊しに来る」といった情報が飛び交い、

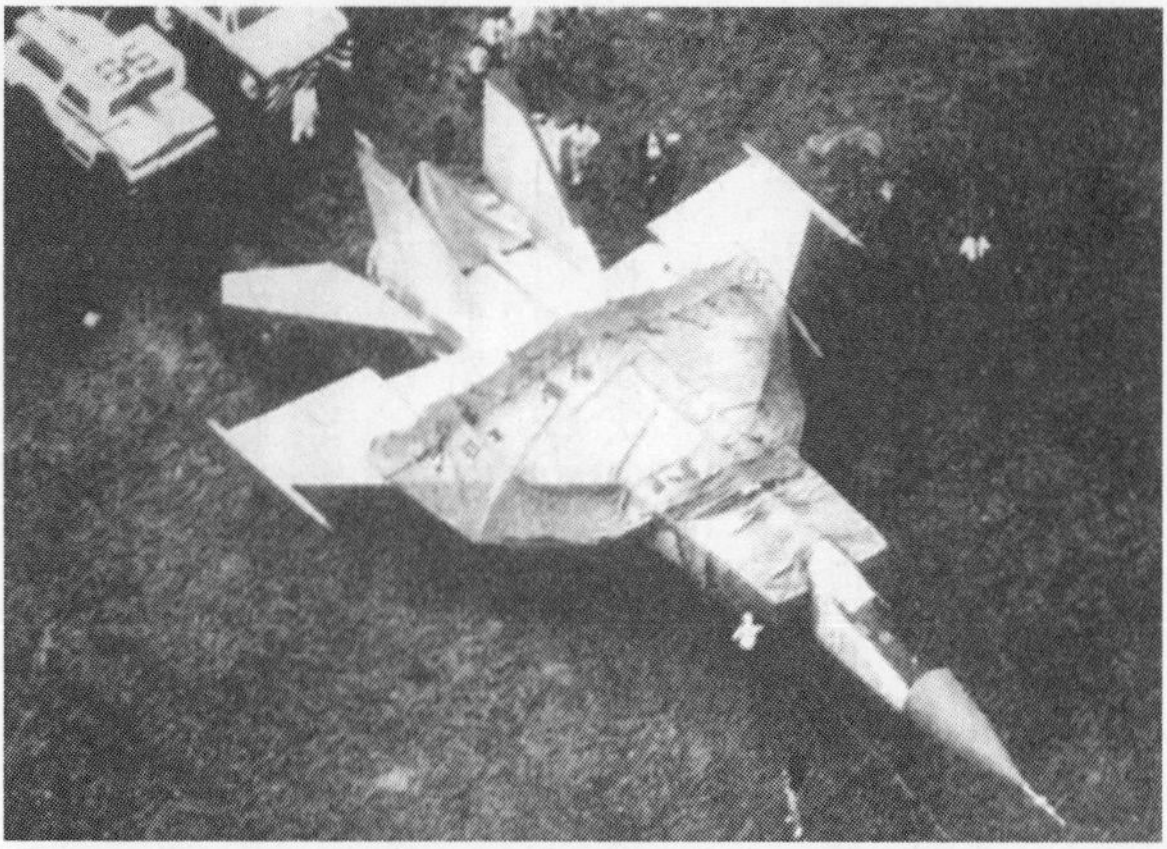

1976年9月6日、函館空港に強行着陸後にシートを被せられるＭＩＧ−25Ｐ

自衛隊においても、いかなる事態となっても対処できるようにしなければならなかったのである。陸上自衛隊部隊の行動については、前述の『自衛隊の三十年戦争』に詳しい。

「函館に国籍不明機が着陸した！」

函館にある第28普通科連隊に、にわかに耳を疑うような一報が入ってきたのは駐屯地祭りを3日後に控え、隊員たちが準備に追われていたときだった。夏に着任したばかりの高橋永二連隊長兼駐屯地司令は、陸曹との懇談会に出席していたという。

あっけなく破られた防空網、防衛庁においても混乱を極めていた。やがて、目的は米国への亡命だということはわかってきたものの、所掌《しょしょう》が警察に移ったため、情報がまったく入ってこない。

「ソ連を刺激するな」

官邸は慎重に対処してほしいという姿勢であり、自衛隊側としては、自国領土に他国の軍用機が着陸したというのに調査にあたることもできず、切歯扼腕《せっしやくわん》するばかりだった。

そこで自衛隊は、まったく独自の行動をとる決心をする。それは、いわゆる「超法規的」に相当するものだった。

翌7日にはNATO筋から、ソ連軍が機体を奪還、あるいは破壊目的の軍事行動をとるという情報が入る。「まさか！」という思いもあったが、そんなときに自衛隊として対処しないわけにはいかない。陸・海・空自衛隊は、いっせいに動き出した。もちろん、「非公式に」である。

大湊《おおみなと》（青森県）では、海上自衛隊艦艇に燃料などが大量に積み込まれた。

「きのう訓練から戻ったのに、何が始まるんだ？」

当初、目的を知らされていない隊員たちは何が何だかわからず、疲れた体にムチ打って作業を続けた。

「警戒を強化せよ」という海上幕僚監部からの命《めい》を受け、大湊地方総監は「独断」で艦艇を出港させたという。実際に津軽海峡での警戒任務を命じられたのは出港から数時間経ってからだった。24時間態勢での監視、対潜哨戒機P-2Jも加わった。

「ソ連機が、ここまで来るはずがない」

かりに誰もがそう思っても、あらゆる可能性を考えるのが軍の務めである。撃ってきたら撃ち返す覚悟だが、といって満足な装備が搭載されているわけではない。張りつめた時間が過ぎていった。

隊員たちの混乱

第28普通科連隊では、営外居住者も全員駐屯地にとどまって出動に備える「第3種勤務」が、連隊長により命じられた。整列したトラックには実弾が積み込まれ、1個中隊は5分以内に出動できる5分待機だ。

駐屯地祭りは中止となった。本来は模擬戦闘の準備をしているはずの彼らは、「実戦」に向けた準備をすることになったのだ。真駒内《まこまない》の第11戦車大隊から61式戦車が来た。高射砲や戦車は「駐屯地祭りでの展示」を名目に移動したという。

隊員たちの混乱は明らかだった。

訓練を重ねてきた装備の積み込み作業では、10分もあれば終わるものが、なかなか終わらない。機関銃の固定にやたらと時間がかかるなど、平常心ではないことがわかる。現場指揮官の胸の内を反映してしまうのだ。

まして彼らは、なぜこんな準備をしなければならないのか、いったい何が起きているのか、知らされていなかったのである。ミグがすぐ近くの函館空港に着陸したことは知っているだけに、ベテラン陸曹や中隊長のあいだでは薄々気がついていたのであろうが……。

薄々わかっているといえば、総理大臣だった三木武夫もそうだ。これら函館をめぐるすべての自衛隊の活動は、あくまでも「訓練」であり、官邸は知っていながら知らないフリの体《てい》で自衛隊が行ったものなのだ。

第28普通科連隊の所在する函館駐屯地には、航空幕僚監部の調査団など、各幕僚監部の幹部が次々に到着。接遇に手抜かりがないか、連隊長はそんなことにも神経を擦り減らしたようだ。

駐屯地業務隊も、てんてこ舞いだった。通常、ここには500人ほどの営内暮らしの隊員がいるが、連隊の全員が営内にいるばかりか、東京などから客人が増え、食事だけでも倍以上つくらねばならない状態になっていたのだ。

そういえば、東日本大震災のときもまったく同じことが起きていたのを思い出す。

東北の駐屯地に人が溢れて、業務隊はパンク状態になった。

近年、進められている公務員の定員削減により、駐屯地業務隊の多くを占める事務官や技官が減らされたため、1人で24時間勤務を何週間も続けなくてはならないなど、かねてより問題視されていたことが現実になってしまったのだ。

しかし、この事実についての改善策がとられた様子はなく、削減は依然として続けられている。あのときには、2週間も家に戻れなかった女性事務官たちが、泣きながら、それでも自衛官のために頑張っていた姿があった。泥まみれで行方不明者を捜索する自衛隊の陰には、そんな人たちがいたのだ。

法に担保されない軍事行動

話が逸《そ》れたが、ミグ事件発生後の函館駐屯地は、災害派遣時の混乱とはまた違う空気だったことが想像される。これから何が始まるのか、本当の目的が隊員に明らかにされていなかったことが最大の要因だ。それは、「法に担保されない軍事行動」にほかならなかった。

ソ連側が何らかのかたちでミグを破壊する目的を遂行するためには、特殊部隊などの少数部隊による奇襲が考えられたため、「防衛出動」が下令されてからでは間に合わない。事前に展開することが必要なのは疑いようがないが、そのような事態に対処するために隊員が弾薬を携行して出ていく法的根拠はない。しかし連隊長は、部隊に広がる不安の高まりを感じ取り、隊員たちにすべてを打ち明けるべきだと判断した。

そして、その旨を師団長に電話で相談する。第11師団長はすぐに同意し、ミグ飛来から3日目の9月8日の朝、連隊の隊員を講堂に集合させることになった。当時の様子が、『自衛隊の三十年戦争』に綴られている。

草稿を準備する暇はなかった。講堂に入ると、高橋連隊長は1000人の男たちの視線を一身に受けた。家族同様の部下たちに、これ以上の誤魔化しや取り繕《つくろ》いをすることはできない――。その思いがこみあげ、連隊長は1人ひとりの隊員に語りかけるように話しはじめた。

「今、ソ連が軍事行動に出ることは、日ソ関係からすれば考え難い。しかし……」

あらゆる可能性を追求することが自衛隊のスタンスであることは、言わずもがなであった。

「かりに、奪還や破壊行動が行われようとした場合、われわれ自衛隊がこれを見過ごすことは断じてできない。そのときは、一戦も覚悟しなければならない」

創設以来、訓練以外で武器を使用したことはない自衛隊が、初めて一線を超えるかもしれない「そのとき」が、自分が連隊長に着任して早々に現実となるとは思いもかけないことだっただろう。

「そのときは、私が先頭に立つ。全員、一致協力して戦おう」

連隊長は、目の前の男たちの眼が、その言葉を待っていたと言わんばかりに見る見る輝いていくのがわかったという。

同日深夜、第11師団長が函館駐屯地に到着する。天候不良でヘリが飛ばず、札幌から280キロの道を車で6時間かけてきたという。連隊長としては、「このときほど師団長の存在に安堵したことはなかった」と述懐している。

部隊に師団長や総監が来るといえば、通常なら準備が大変で、部隊にとっては厄介事であることを知っていると、いかに不安な状態だったかがわかる。

「ミグ25事件」から読みとる教訓

一方、防衛庁では、これから起こり得る行動の法的根拠を見つけ出すために必死になりつつも、自民党の国防部会や安全保障調査会などで説明を求められた。

「自衛隊がありながら、相手にやられるまで何もできないのか！」

「だいたい領空侵犯に、もっと強硬な措置はとれないのか！」

まるで「開戦前夜」の議論である。戦前も戦後も好戦的なのは、むしろ政治家のようだ。国際法や軍事の専門知識があるわけではなく、ただ怒鳴り散らす政治家と、ひたすら低姿勢で説明に追われる官庁という構図は、今も昔もまったく変わっていないようだ。

同席した制服幹部は押し黙って、その場を後にした。「コイツらのために隊員を路頭に迷わすことだけはしたくない」という思いを胸に秘めて。

9月9日午後3時過ぎ、函館第28普通科連隊に「識別不明機、接近」の報が入る。来るべきときが来た。しかし、態勢は整っていた。

「準備しろ！」

すぐに、その場にいた師団長は作戦室へ、連隊長は拳銃をホルスターに収めて営門へ急いだ。営門には24時間態勢5分待機（下令5分以内に出動できる態勢）の中隊が戦車とジープで待機しており、隊員たちが即座に乗り込む。隊員たちの顔も引きつっている。

完全なる違法行為である。政府の後ろ盾もなければ総理大臣の命令もない。

これは「現地指揮官の独断」にほかならない。それでも行く、という以外の答えは見つからなかった。だが、こんなときでも頭の中を離れなかったことがあるという。

「信号無視をしていいのだろうか？」

長年、「愛される自衛隊」をめざしてきた彼らにとっては、極めて重大な問題だった。道路は訓練の帰りにホウキで掃除をする場所であり、まして道路交通法に違反するなど、この瞬間まであり得ないことだった。

「よし、赤信号は突破しよう！」

また函館空港に到着後、周辺の民間人をどう統制するかも自衛隊を悩ませる。そんなことを頭に巡らせているうちに、「識別不明機、接近」は「誤報」であることが知らされた。その場にいた自衛官たちは、どっと力が抜けることになる。

結局、「超法規的軍事行動」を起こすことはなかった。ミグ事件は陸・海・空自衛隊が「警戒を強化」し、「訓練名目」で各自行動をとったという記録が残るだけであるが、今、同様の事案が起きても自衛隊のとり得る措置は変わっていない。

漁民として中国人が尖閣《せんかく》諸島に上陸、北朝鮮のゲリラが来てどこかの山中に逃げ込んだ……など想定できる事態は多々あるが、おそらく迅速な政治判断ができないであろうわが国においては、自衛隊が訓練名目などで独自行動を起こすかたちをとるしかないのだろう。

いまや自衛隊史のひとコマでしかない「ミグ25事件」であるが、その一連の出来事から読み取る教訓は極めて大きい。

第2章

国際的に評価されるようになった自衛隊

「なぜ、日本は他国に血を流させるのか」

苦悩の昭和が終わり、平成に時代が移ると、自衛隊にも新しい風が吹きはじめた。

「このままでは、日本は窮地に追い込まれる」

そんな声がリアリティを増していたのは、1991（平成3）年の多国籍軍による「砂漠の嵐」作戦発動であった。

1990（平成2）年にイラクがクウェートに侵攻、国連安全保障理事会は即座にイラクに対する様々な決議案を採択したが、サダム・フセインのイラクはいっさい応じず、年明けとともに多国籍軍が武力行使に踏み切った。

多国籍軍の数は42ヵ国にのぼった。米国、カナダ、アルゼンチン、ホンジュラス、イギリス、フランス、スペイン、ポルトガル、イタリア、ギリシャ、デンマーク、ノルウェー、ベルギー、オランダ、ドイツ、ポーランド、チェコスロバキア、ハンガリー、韓国、バングラデシュ、パキスタン、アフガニスタン、バーレーン、カタール、アラブ首長国連邦、オマーン、クウェート、サウジアラビア、シリア、トルコ、オーストラリア、ニュージーランド、エジプト、モロッコ、ニジェール、セネガル、ガンビア……などといった国々だ。

日本はこのとき130億ドルを拠出していたが、多国籍軍には、聞き慣れない国までもがあるなかで、大国である日本だけが「金で済ます」という態度を示したことに対し、世界の目は冷たかった。

「国民1人あたり1万円もの負担額だったんだ」

海上自衛隊の指揮官が後に各国の指揮官たちにそう説明したが、米軍将校などは異口同音にこう返した。

「たった1万円で、貴国のシーレーンをわが国の若者が命懸けで守るのか」

エネルギーの96%を海上輸送に頼っているわが国にとって、中東のシーレーンは国民の生命線である。その防衛を米国など他国に依存し、自分たちは経済活動に没頭、金さえ出せばいいという感覚は、各国の感情レベルでは受け入れ難いものだったのだ。

振り返れば、1980年代のイラン・イラク戦争のときも同じだった。イランが「ペルシャ湾を航行するタンカーを無差別に攻撃する」と宣言。日本のタンカーは米空母機動部隊に守られたため、この海域を通過することができたが、米国では議会などで「なぜ、日本は他国に血を流させるのか」といった声が湧き上がるようになっていた。

「日本は憲法の枠内で、どこまでできるのか」

「航空自衛隊の輸送機を派遣することだったら、できるのではないか」

侃々諤々《かんかんがくがく》の議論が繰り広げられているうちに「砂漠の嵐」作戦は終わっていた。

イラクは国連安保理の決議を受け入れ、停戦となる。この時間切れで日本も逃げ切れるかと胸をなでおろしたいところだったが、そうはいかなかった。日本に対する世界の不信感は日本人が思っているほど軽いものではなかったのだ。なかでも、やはり同盟国である米国の失望感が日本にのしかかっていた。

そんなときに、ある提案が持ち上がった。

「掃海部隊を派遣してはどうか」

米国内の知日派は、日本の朝鮮掃海での貢献を知っていた。日本特別掃海隊は、米国においても、その当時の関係者に限られた記憶であったが、あのとき、掃海部隊の活躍がサンフランシスコ講和条約を有利に進め、日本の独立を手助けしたように、今回の日本のピンチも、救えるのは掃海部隊において他にないのではないか、と。

経団連（日本経済団体連合会）や石油連盟、日本船主協会や全日本海員組合といった海の安全を切望する団体からも、同様の声が上がりはじめていた。すでに多国籍軍による戦闘は終わっており、自衛隊が派遣されても憲法に抵触しない状況になっていた。

しかし、野党だけでなく自民党内にも反対勢力があり、また、4月21日に統一地方選の後半戦を控えていたことから、掃海部隊派遣の検討を勧める声は3月初めから出ていたものの、動きはスムーズではなかった。海部俊樹首相が派遣準備の指示を下したのは1991（平成3）年4月12日になってのことだった。

インド洋は4月を過ぎると、モンスーンと台風で大荒れになる。そもそもインド洋を500トンにも満たない小さな木造の掃海艇が航海すること自体、「クレイジー」だと諸外国海軍からは驚かれるものである。それを、「選挙があるから」と大時化《おおしけ》の時期まで引き延ばそうというのだから、政治の不作為は罪深い。

朝鮮掃海の記憶が突きつけた大問題

「どうしたの？　急に帰ってきて！」

佐世保に単身赴任している夫が、急に名古屋の住まいにやってきた。自衛隊の幹部たちは転勤族で、退官までに15~20回近くも全国を異動するのが当たり前だ。マイホームを買って数日しか住んでいないなど珍しくない。

妻にとっては「いないのが当たり前」になってしまうのだ。それゆえ、何の前触れもなくひょこっと家に顔を出した夫に、ついつい驚きを隠せない。「知らせてくれれば……」と言いたいところだが、そういうわけにもいかないのが自衛隊の辛いところだ。

実はこの日、佐世保から横須賀の自衛艦隊司令部に赴き、ペルシャ湾行きの命令を正式に受けたのだ。その帰路、用意された自衛隊機が名古屋に向かった。「ほんの少しでも家族と会ってから行くように」との自衛艦隊幕僚長の配慮だったようだ。

また、ある者は江田島（広島県）に転勤となり、役場で転入の手続き、ガス、水道、電話……とすべてを終えたとたんに、派遣の決定により転勤となり、今度は大急ぎで転入のときとまったく逆の手続きをすることになった。

あるいは、防衛庁の海上幕僚監部勤務から厚木基地に異動となり、着任の歓迎会が行われていた席上で掃海隊群司令部への異動が発令され、歓迎会がその場で送別会に変わった者もいた。

実際、派遣人員を決める作業は、驚くべき短期間で進められなければならなかった。

「キケン・キツイ・カエレナイの３Ｋ」などと言われる海上自衛隊の艦艇乗りは、どこも定員を満たしていない。掃海艇乗りも例外ではなかったが、ペルシャ湾派遣に際しては何とか定員を満たしてやりたいということで、不足人員を各部隊から引き抜くことになったのだ。

掃海部隊の人たちには、自分たちを「海の掃除屋です」と言って憚《はばか》らないキャラクターが多い。幹部も、防衛大学校出のエリートよりもむしろ叩き上げの人たちの存在が大きいことを、より感じさせるようなところがある。

「船乗り」と一口に言っても、海上自衛隊で艦船勤務となった場合、初めから大きな艦に乗ることになるが、たとえば「物を移す」「ボートを降ろす」「何かを拾う」「漁船を助ける」といった作業は、なかなか経験する機会がない。

他方、掃海艇乗りだけは、波を思い切り被《かぶ》る、めっぽう揺れる中でブイを打つなどの、いわゆる「船方作業」が経験できる唯一の職種だと言われる。

戦後の機雷処理もそうであったが、現場での実務がすべてである掃海部隊においては、いわゆる「潮気がある」海を知り尽くした人材が欠かせなかった。そのあたりは、護衛艦乗りや航空機パイロットとは少々違っていた。

「〝アイツ大丈夫なのか？〟なんて感じのやつもいましたよ、正直言って」

とにかく急ピッチでアタマ数を揃えていく。それもほんの数日のあいだに。出港直前に集められた隊員は、19歳から50歳を超えた定年間近の者まで実に様々な顔ぶれで、総勢511名となった。

「辞退者が25％くらいはあるだろうか……」

そんな上層部の予想があったようだが、それはいい意味で裏切られた。

辞退者は5名のみ。それも、本人は熱望したが、ドクターストップがかかったり、家族が病気のためなど、やむを得ない事情を持つ者だった。出港の日に母を亡くした隊員もいた。しかし、息子を動揺させまいと、父はあえて連絡をしてこなかったという。

いよいよ4月26日の出港まで秒読みとなった。怒濤のような準備が進められる。そのなかで指揮官たちは、機雷に関する資料を読み漁《あさ》り、また朝鮮掃海の記録を紐解いていた。すでに、あれから40年余が経っていた。

かつて日本を救った、秘めたる歴史。その経験から得られることは、実務においても数多かった。触雷した場合に備えて天井に分厚いクッションを張るなどは、朝鮮掃海に学んだ教訓だった。

その朝鮮掃海の記憶は、もう1つ大きな問題を突きつけていた。それは、「生きて帰れないかもしれない」ということだ。もし死んだら……その問いかけが頭に渦巻いた。

それに実際、ペルシャ湾では米海軍の揚陸艦「トリポリ」、巡洋艦「プリンストン」が触雷している。隊員たちの保険は十分なのか、賞じゅつ金（殉職または公務で負傷した場合、与えられる金銭）はどれほどなのか、行く前に明らかにしておくべきことは山ほどあった。

しかし、まず気になるのは、自衛隊初めての海外派遣となる「そのとき」、国民は、はたして自分たちを大手を振って送り出してくれるのかということだ。願わくば「日本のためにありがとう」という言葉で送りだしてもらいたいが、そんなことを期待するのは無理な相談であることは言わずもがなであった。

ミッドウェー海戦さながらの事態

考えているうちに、出港の日となった。4月26日、この日は奇《く》しくも海上自衛隊が誕生した日である。ペルシャ湾派遣が正式に閣議決定されたのは、4月24日の夜であった。法的根拠は自衛隊法99条「機雷等の除去」という、かなりの力技だった。

横須賀、呉、佐世保には、それぞれ派遣部隊が待機していた。1週間前には各地に点在していた人員が集まり、3日かそこらで出港の準備を終えた。

もちろん、完璧な用意などできるはずはない。そもそも日本の木造掃海艇は、構造的にも海外に出向いていくなどということは想定していないのだ。

通信機も外地に適応できない。それらの設置などを、文字どおり突貫工事で行い、毎晩午前2時頃帰宅し、朝6時には作業を開始する日々が続いた。できるかぎりの努力はしたが、何しろ、遥か中東という想像もできない環境に赴くわけであり、エンジンなどへの影響など、いったいどうなるのか見当もつかなかった。

「このとき、初めてパスポートを取得したんです」

木造掃海艇をつくっていた造船所（現在のジャパンマリンユナイテッド）の職人さんが、そう振り返っていたことを思い出す。掃海艇は船大工の技で建造しているため、メンテナンスに欠かせない人たちである。一緒に行くわけにはいかないが、後方の人たちも、もしも故障などということがあったら現地に飛んで行きたいという思いだったのだ。

各港には出港する掃海艇、家族、そして反対派が集まり、派遣反対の横断幕を掲げたボートも遊弋《ゆうよく》していた。関係者は当日まで、政治サイドの勝手なオーダーに振り回されることになる。

「見送りのための『軍艦行進曲』は演奏してはいけない」「掃海艇の色を白く塗り直してはどうか」「大砲を縛りつけて使えないようにしろ」等々……。対潜用魚雷の搭載作業を土日返上で行っていたが、すべてを積み終えたところで「魚雷は載せてはいけない」となり、大急ぎで降ろしたという、ミッドウェー海戦さながらの事態もあったそうだ。

横須賀には補給艦「ときわ」と掃海艇「さくしま」「あわしま」が、呉では掃海母艦「はやせ」と掃海艇「ゆりしま」が、佐世保では掃海艇「ひこしま」が出港を待っていた。隊員たちは反対派の喧噪《けんそう》の中で、家族との慌《あわ》ただしい対面を済ませた。

「私たちは間違っていないんですよね？」

汽笛を鳴らしながら、ゆっくりと船が出る。姿が見えなくなるまで〝帽振れ〟をしている見送りの海上自衛隊員たち。そして家族。掃海艇内でもちぎれんばかりの〝帽振れ〟をした。そして港が見えなくなったとき、艇内はしーんと静まり返った。

2日後、6隻は奄美《あまみ》大島で合流した。補給艦「ときわ」に各司令、艦長、艇長、幕僚たちが集まり、初めての会議となったが、実際それまで湾岸戦争の蚊帳《かや》の外にいた日本には、現地についての満足な情報はほとんどなかった。「とにかく、インド洋の

掃海母艦「はやせ」

モンスーンを回避すべく、航海を急ごう」という話に終始することになる。しかし彼らの本当の心配は、それだけではなかった。

この初めての海外派遣は堂々と認められたものではなく、法的根拠は自衛隊法という、国によるお墨つきなしで、機雷がうようよしている遥か彼方《かなた》の海に船出する事実だろう。

そんな状況下で部下を死なせたら……指揮官の胸の内から拭《ぬぐ》えなかった苦悩だ。「もしも」のときに備えた、遺体を収納するためのボディバッグは、隊員の眼に触れないよう密かに積み込まれていた。

不安を抱えながら、小さな掃海艇が日本から遠ざかる。そんななか、ふと気づくと、

登舷礼（海上保安庁巡視船「でわ」第51回海上保安庁観閲式）

外で大きな音がする。見ると、上空に海上自衛隊のＰ－３Ｃ哨戒機、そして航空自衛隊の戦闘機Ｆ－４ファントム、Ｃ－１３０輸送機も編隊で飛行しているのだ。空からの見送りであった。総員で、ちぎれんばかりに手を振った。

　また、石垣島沖では夜、後方から接近してくる船があった。海上保安庁の巡視船「よなくに」だった。マストを見ると国際信号ＵＷ旗が掲げてある。意味は「ご安航を祈る」だ。そして甲板《かんぱん》には、海上保安官が登舷礼《とうげんれい》で並んでいるではないか。

　言葉はなくとも通じ合うことができる、海の男たちの「シーマンシップ」である。海上自衛隊と海上保安庁は、互いに発光信号を灯し合いながらエールを交換した。そして、これが国内最後の見送りとなった。

「私たちは間違っていないんですよね？」

そう言ってきた隊員の言葉が、ある指揮官の耳を離れなかった。出港のときに反対派が「二度と帰ってくるな！」と叫んでいたのを気にしているのだろう。「預かってください」と遺書を持ってきた隊員もいたという。

「触雷したら俺だって死ぬかもしれないだろう！」

そう明るく切り返して平常心を装ったが、以降、隊員たちの心も含めた健康状態を注意深くチェックするのが日々の日課となった。

思いがけない激励に震えた隊員たちの心

出港から3週間が経った。

そういえば、インド洋では自殺が多いなどと聞いたことがある。あまりに大きすぎる海と、あまりにも小さすぎる掃海艇、自分の置かれている状況を考えると、どうしようもない寂しさがこみ上げてくる。「自分たちは間違っていない」——そう何度も言い聞かせてはみるものの、そんな思いは瞬《また》く間に波間に呑み込まれてしまう。

そんなとき、掃海部隊は信号を受信した。

「何か必要なものはないか？　ガンバレ！」

大きな日本のタンカーだった。日章旗を掲げて巨大なタンカーがこちらに近づいてくる。日本から遥かに離れた遠くの海で……感無量の瞬間だった。

普段、無意識に使っている日本のエネルギーの源を、ここから運んでいるのだ。思いがけない激励に、隊員たちの心は震えた。

「俺たちのやっていることは間違ってなんかいないぞ！」

中東から日本に来るタンカーの航路であるペルシャ湾の機雷掃海は、紛れもなく日本国のためになる。日本人を救うことになる。掃海部隊は、その目的を確信することになったのだ。

目的地のドバイ（アラブ首長国連邦）に到着したのは5月27日、奇しくも海軍記念日だった。現場には、最後に入ったドイツ海軍よりも、さらに1カ月遅れて入ったことになる。

すでに約1200個の機雷のうち800個が処分されていた。「今さら何をしに来た」と言われるかと思いきや、現場指揮官たちの反応は違った。

「よく来てくれた！」

それまで日本は、130億ドルの拠出をしたものの、世界の国々から協力国とは見なされていなかった。しかし掃海部隊が到着した瞬間から、その見方は180度変わったのだ。

そして彼らが殊《こと》のほか歓迎されたのは、それだけが理由ではなかった。大半の機雷が処分されたといっても、掃海は比較的やりやすいものから先に行われ、残っていた機雷は作業が難しいものばかりだったのだ。日本には、他国がやりたがらないものばかりが待っていたのである。

「遅れてきた」自衛隊掃海部隊への評価は、その難儀な「残り物」の処分にどれほどの成果を挙げるかにかかっていたのである。

そもそも掃海作業に今頃になって加わるのは、政治の決断が遅かったためであり、自衛隊の責任でも何でもない。むしろ彼らは被害者であるが、そんなことを考える暇もない。

とにかく目の前の機雷を処分することに全力を傾けるしかなかった。

また、もし満足な成果が得られなければ、国内的には今回の派遣の意味がなかったということになりかねず、それらがプレッシャーとなり、重くのしかかることにもなった。

毎朝、起床は4時30分。気温は50度を超えることもあった。米軍では脱水症状で亡くなった人もいたという。掃海作業は日没には終わるものの、後処理を済ませて食事と入浴を終えると、就寝は23時過ぎ。燃料などの補給作業があるときは午前1時を過ぎてすべての作業を終えることになった。

この生活を5日続けて、1日休む。しかし休みといっても、その日は実際、掃海艇の整備・メンテナンスにあてられていた。ちなみに他国海軍は、3日働いて1日休むペースだった。

意外なことで諸外国から不思議がられた掃海部隊

いつ触雷するかわからない緊張のなかで作業が続けられたが、なかなか機雷処分に至らない。

部隊の総指揮官だった落合畯《たおさ》掃海隊群司令は、4隻の掃海艇が戻ってくると各艇に乗り込んで残飯を見て回った。疲れが溜まると食べられなくなり、脂っこいものなどが残るようになる。隊員の日々のコンディションを確認するには「大丈夫か?」「大丈夫です!」のやりとりだけでは不十分だからだ。

我慢強く、とかく疲労を隠そうとする自衛官たちの疲労度を読み取った結論として、落合群司令は5日連続の作業を4日に減らす決心をする。

しかし東京では、そんな苦労とは裏腹の、厳しい言葉が飛び交っていた。

「まだ機雷を処分していないのか？」

「派遣は無意味だったのではないか？」

現場を知らないマスコミや政治、そのあいだに立つ防衛庁や幕僚監部……様々なプレッシャーが容赦《ようしゃ》なく押し寄せてくる。作業日を減らしたことは、現場指揮官にとって相当な決断だっただろう。

そして、やっとのことで「処分」の報告ができる日がやってきた。6月19日、「ひこしま」のＥＯＤ（爆発物処理）員によるものだった。

日本は一番遅く現場に入っただけでなく、機雷掃海の装備も各国と比べると大きく遅れており、成果を上げるためには結局、ＥＯＤ員の手に頼るしかなかったのだ。湾岸で処分された34個の機雷のうち29個がＥＯＤ員によるものだった。

この最初の処分に端を発し、掃海部隊は次々に処分を成し遂げることになった。それだけでなく、彼らは意外なことでも高く評価をされた。

「何か特別なことでもやっているのか？」

落合群司令は他国の指揮官たちから真剣に尋ねられた。

どこの国の部隊も、上陸となれば何かと事件を起こすものだが、日本の掃海部隊は

1件たりともトラブルがない。それが、諸外国からすれば不思議でならなかったのだ。自衛隊の感覚からすれば当たり前の規律であっても、諸外国に比べればそれは非常に厳格で、また隊員の自覚も高いということが、初めての海外派遣でわかったのである。

こうして遥か遠くの中東で掃海作業を完遂した掃海部隊は、9月23日にペルシャ湾を去ることになった。その際、日本からは、人員も掃海艇も疲弊しきっていることを考慮し、掃海艇は大型船で日本まで輸送し、隊員については空路で帰国してはどうかという案が出されていた。しかし、すべての隊員が口を揃えた。「自分の船で帰ります!」と。

「船は乗組員にとって職場であり、生活の場であり、また棺桶でもあるんです。飛行機での帰国を望む者は誰1人いませんよ」

また長旅が始まる。常に「総員作業」である掃海部隊は、帰りも心を1つにして日本に向かうことになった。ドバイのラシッド港に、多くの在留日本人が見送りにやってきた。

「ただ今から、日本に向かう!」

出港喇叭《ラッパ》に続き、各艇がいっせいに別れの汽笛「長一声」を鳴らした。母艦「はやせ」を先頭に、掃海艇「ひこしま」「ゆりしま」「あわしま」「さくしま」、そして補給艦「ときわ」……。それぞれが、自分たちの仕事は間違っていなかったという思いと、最愛の人との再会を胸に、一路日本をめざし出港した。

海外に出て、やっと「自分たちは何者か」を知る

ペルシャ湾への掃海部隊派遣は、自衛隊の海外派遣の端緒を開くことになった。その後、1992年に国連平和協力法（PKO法）が成立し、カンボジア、モザンビーク、ルワンダ、ゴラン高原、東ティモール……と派遣されるようになった。

海外に行ってみると、様々な発見があった。もっとも大きいのは、自衛隊が、世界から見て非常に優秀な組織だとわかったことである。規律やそれに従う真面目さ、任務に向き合う誠実さは、各国の軍隊や地域の人々から高く評価されることになった。

これは、自衛隊創設以来、逆境のなかで「愛される自衛隊」をめざし、黙々と健気《けなげ》に汗を流してきた関係者たちの努力の賜物だった。

そういう面からも、自衛隊は他国の軍から見ても押しも押されもせぬ「軍隊」であり、生まれて初めて「軍人」としての扱いを受けることになる。つまり海外に出て、やっと「自分たちは何者か」を知ることになったのだ。

そうした意味で、自衛隊は、2つの顔を持つと言っていいかもしれない。1つは、最新鋭の装備を持ち、世界に誇れる精強な軍隊。もう1つは、憲法で自らの存在自体も議論の的になり、行動もがんじがらめの特別職国家公務員である。

その自衛隊がペルシャ湾派遣を契機として、国外から評価されるようになったことは、組織に、また隊員1人ひとりに、大きな変化をもたらしたはずだ。従来から諸外国の駐在武官などからは軍人相応に扱われていたために、そうした交流の機会がある自衛官が、いわゆる情報漏洩《ろうえい》事案などを起こすのには、そのような背景があるという指摘もあった。外国の軍人しか自分のアイデンティティーを認めてくれないということからだ。

ともあれ、カンボジアに始まるPKOでも活躍し、派遣の度に起こる国内での紛糾とは裏腹に、称賛も受けるようになった自衛隊であったが、それでも自らを律することはやめなかった。

「自衛隊が感謝されるときは、国民が困っているとき」ゆえに、自分たちは「いてよかった」と言われないほうがいい存在だという、かねてからの教えを胸に「謙虚に」「あくまでも謙虚に」を心がけつづけた。

地元の人たちと同じ目線で汗を流す

「だんだん、忘れられてしまうんですよね。行くときは、あんなに騒ぐのに……」

自衛隊が初めて海外で活動することになってから20年余、日本を離れ、遠く離れた異国の地で活動を続ける自衛官の存在が当たり前になった。しかし、活動が長期に及んでくるとメディアでほとんど報じられなくなり、どうしても忘れられがちになってしまう。

日本から国会議員などが訪れれば、通常の作業に加え、受け入れ準備もしなければならない。負担にはなるが、結果的には隊員たちのモチベーション向上にも繋《つな》がるので、「気を遣《つか》わせるから」と案じて遠慮するよりも「訪問してもらったほうがいい」と、何人かの関係者から聞いたことがある。

南スーダンでの自衛隊の活動を視察された、東京財団上席研究員の福島安紀子さんから現場の様子を聞いたことがある。

半世紀にも及ぶ内戦という苦難の歴史を経て独立を果たした同国の新しい国づくりを支援するため、２０１１年に設立された国連南スーダン共和国ミッション（ＵＮＭＩＳＳ）で、日本の陸上自衛隊が施設部隊（工兵のこと）を中心に活動しているのである。福島さんは、このような国際活動における陸上自衛隊の役割を高く評価している。

「地元の人々の気持ちになっていた」

これは自衛隊の活動についてよく言われることであるが、まさに自衛隊ならではの特徴だと言える。

派遣が決まれば、その国、周辺地域、気候、民族、言語、宗教、文化、習慣、地質に至る細かいことまで、あらゆる調査・勉強を事前にし、現地に入ったら、その土地の者にしかわからないような人間模様にまで目配りしての行動をとる。

こうしたことができるのは、陸上自衛隊をおいて他にない。この綿密さが、自衛隊がどこに行っても受け入れられる大きな要因であろう。

南スーダンでは、国づくりの礎《いしずえ》となるインフラ整備について、自衛隊の施設部隊が6カ月交代で道路の整備などにあたっている。

スコールに見舞われながらの作業だ。道をつくっても雨が台なしにしてしまう。それでも挫《くじ》けずに、ひたすら作業を進めることの繰り返しとなる。

普段から限られた期間に広大な演習場の整備を担う施設部隊にとっては、自分たちですべてを行ったほうがスムーズだが、地元の人々を雇用するように努めている。時間がかかるが、後々を考えてのことだ。

2017年3月、南スーダン派遣施設隊(11次)ジュバ～コダ間、道路補修(防衛省統合幕僚監部HPより)

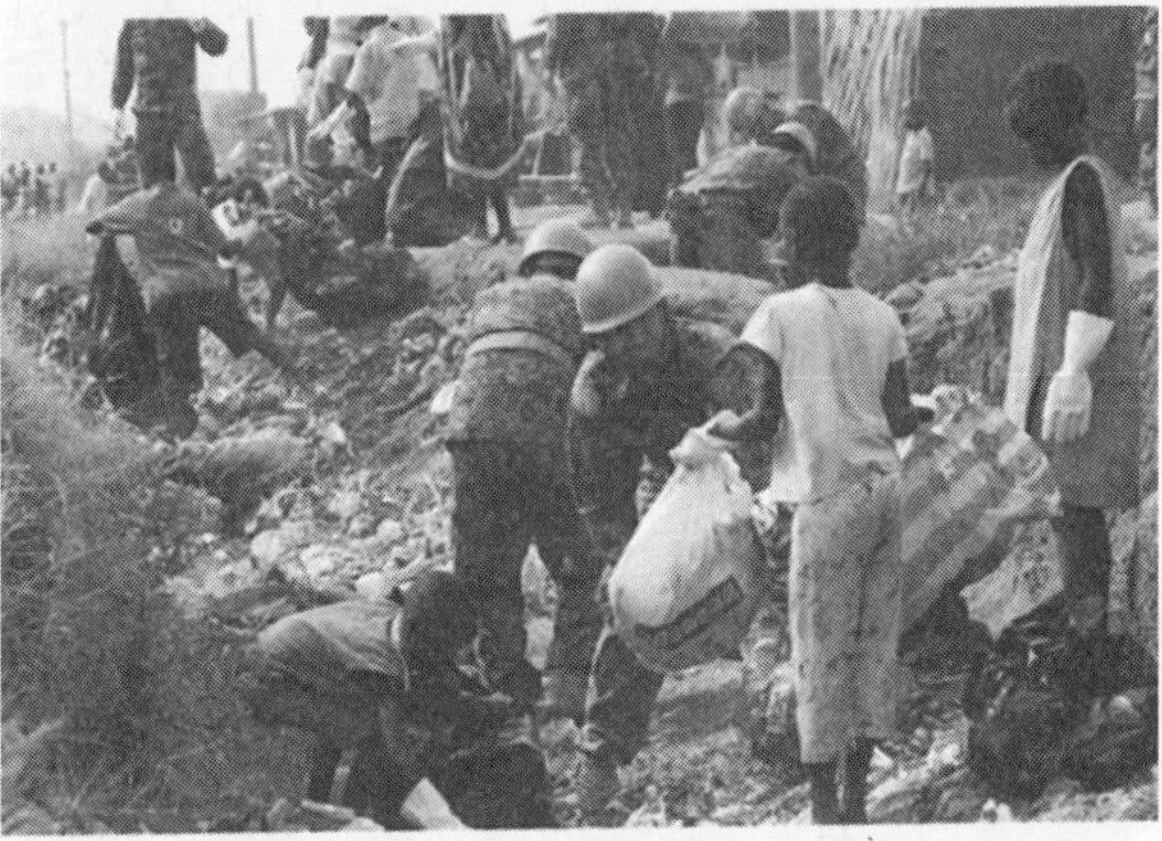

国連南スーダン共和国ミッション。道路整備準備、ゴミ拾い(陸上自衛隊HPより)

派遣当初は隊員たちの生活環境も悪く、洗濯などは3日に1回。歯磨きもままならず、食事もわずかで、用意したものと現地の食べ物を駆使した粗末なものであったようだが、自衛官たちはそんななかでも明るく、気遣いを忘れなかったという。

また隊員たちは、ゴミ収集や子供たちのためのグラウンド整備、日本から寄付として送られた衣服の配布なども行い、地元の人々とのコミュニケーションに努めているが、こうした活動は任務規定で勤務時間外でなければできないため、わざわざ休暇を使って行っているという。

休日に整備をしたグラウンドで子供たちとサッカーをする姿は、他国部隊ではなかなか見られないものだ。オフの日にも仕事をしてしまう日本人らしいところは、良くも悪くもオン・オフをはっきりさせてリフレッシュすべきという諸外国との大きな違いだ。

実際のところ、同様に、国連ミッションに工兵を出しているのは、OECD加盟国では日本と韓国だけで（後に、かつての宗主国である英国も加わったが）、この他には中国、そしてパキスタン、バングラディシュ、インドの3カ国が多いが、こちらは「日当が出る」という理由が大きいようだ。米国などの先進国は、司令部要員のみの派遣といったケースがほとんどだ。

「日本も、そのようなかたちでいいのではないか」という声も耳にするが、施設部隊を出せるのは、陸上自衛隊に高い技術がある証左でもある。そうしたニーズに鑑《かんが》みれば、地元の人たちと同じ目線で汗を流すやり方が、日本がもっとも実力を発揮できる方法なのかもしれない。

また、「自衛隊が部隊として存在することにより、各国入り交じるミッション全体の規律が向上するので助かる」という指摘もあるようだ。

軍によるパブリック・ディプロマシー

自衛隊でも、国際活動に向けた取り組みは進んでいる。

私は静岡県御殿場市駒門《こまかど》駐屯地にある陸上自衛隊・国際活動教育隊を訪問したことがあるが、世界の国々で活動するための知識だけでなく、たとえば、楽器のケースを持っている不審者かどうかわからない数人が近寄ってきたとか、宿営地前でデモ行進が行われるとか、起こり得る様々な事態に対応するための訓練も行われており、改めて自衛隊の将来に対する準備・教育のきめの細かさを思い知ることになった。

ただ一方で、人材育成を充実させ、さらに任務が増えるということは、国土防衛以外にも要員を割《さ》くわけであり、減りつづける人員をどうするのかといったことは、今後の大きな課題となるだろう。

自衛隊における装備行政という観点に立てば、装備品と一体化した「キャパシティ・ビルディング（能力構築支援）」を進めるべきだと私は思う。

「武器輸出三原則」が改められたとはいえ、ニーズのある国々にとって日本のものは高くて手が出ない。また日本の防衛産業も、いわゆる「武器ビジネス」となれば企業イメージも悪くて消極的だが、国際平和への貢献というかたちで、かつ調達するのが政府であれば、何ら抵抗はないはずだ。

これまでに国際活動に携わった自衛官をはじめ、外務省などの関係者から聞いた話でわかったのは、「軍によるパブリック・ディプロマシー（対市民外交）」の意味は非常に大きく、その点において、日本の自衛隊は世界ナンバーワンと言っていい実力だということだ。あえて難点を挙げれば、PR下手《べた》ということであろう。

「自衛隊が整備した道路がスコールで壊れてしまい、その上に中国隊がアスファルト舗装をしているんですよ」

最後に手柄を持っていく――いかにも、ありそうな話である。日本ももっとうまくやる必要がありそうだが、それについてとやかく言わないところも自衛隊の美意識たるもの。そこを変えてほしいとは思わないし、自ら訴えるべきでもないが、今後は間接的な広報戦略も考えねばなるまい。

もう１つ、留意しなければならないのは、こうした話はとかく、「では、自衛隊は外交的役割だけでいいのでは？」という思考になりがちなことだ。

ＰＫＯはあくまでも「軍隊ならでは」の活動、やはり軍隊しかできないことなのであり、施設部隊も本来の「工兵」としての訓練を重ねているからこそ、このような活躍ができるということも忘れてはならないだろう。

国際活動では、現地の光景という一面しか見えてこないが、実際は１つの箱のようなものではないだろうか。後方支援、留守部隊に、留守家族、そして法整備といった、見えないそれぞれの面がしっかりと支える、この箱が頑丈になればなるほどに、日本の国力は強化されると私は確信している。

南スーダンＰＫＯ派遣については、２０１７年３月10日、政府が撤収を発表した。

「雨後の虹」に励まされて奮闘するＯＢたち

ところで、上原敏《びん》のヒット曲『仏印だより』には、「ひと雨来たと思ったらトンキン湾へ雨後の虹　いま極東を吹きすさぶ嵐の後もこのように　見事な虹が咲くでしょう」（小島政二郎・作詞／飯田景応・作曲、昭和16年）という歌詞がある。

仏印とは、かつてのフランス領インドシナ、つまりカンボジア、ラオス、ベトナムを意味する。

今でこそ「ＰＫＯ」や「キャパシティ・ビルディング」などと日本では言われているが、大東亜戦争直後にも「見事な虹を咲かせよう」と悠久の大義に生きた先輩諸氏がアジアの国々の独立を助けた。そして多くが異国の地で生涯を閉じたことは、現代人の記憶の中にほとんど残っていないと言っていいだろう。

戦争が終わったのに、何のためにそんなことをするのか――。つい、そんな野暮なことを考えてしまうのは、合理性のみを追求する世の中に、知らぬ間《ま》に慣らされてしまったためかもしれない。

自衛隊ＯＢを主体として設立されたＮＰＯ法人「日本地雷処理を支援する会（ＪＭＡＳ）」にも、どこか共通した精神性を感じてしまう。長年の自衛官生活を終え、せっかく家族とゆっくり暮らせるようになったのに、あえて僻地《へきち》に行って危険な作業を引き受ける人たちだ。

もちろん、個々はどこかに再就職をしていて、活動には国などの援助があるが、何だかんだと費用はかさみ、退職金の大半を投じるなど、自腹を切っている人も多いようである。

カンボジアに赴いた陸上自衛隊ＯＢの出田孝二さんは振り返る。

「長い自衛官生活でも、あんなに怖い思いをしたことはありません」

活動中は、緊張感で10キロは痩《や》せたという。同事業には、出田さんが当時所属していた小松製作所（コマツ）が無償で地雷除去機や技術などを提供し、５０００万円以上の資金を拠出した。

行ってみると、先入観がことごとく崩された。まず現地の人々は、地雷除去をそれほど望んでいなかったのだ。

「それよりも、道路、学校が欲しいというわけです」

地雷は「あって当たり前」という感覚で、もはや共存している彼らにとって、インフラ整備のほうが喫緊の課題だったのだ。

「それは違うだろう！　まずは危険を除去して……」などといきり立てば「上から目線」だと思われ、反発を招く。現地に行って触《ふ》れ合わなければわからない温度差を感じながら、「支援する」という意識が、そもそも相手には高圧的に映るのだと理解し、開き直り、大らかに構えるようになった。

「将来に夢が持てるようになりました」

いつの間《ま》にか地元の村長にそう言われるようになり、警戒心をあらわにしていた警察官が「お前たちを命懸けで守る!」と言ってきたときには、目頭が熱くなったという。

1つひとつに労力と時間がかかるが、それでも「雨後の虹」に励まされて奮闘するOBたちがいるのである。

しっかりと姿を残していたカンボジアの「日本橋」

ところで、「キャパシティ・ビルディング」という言葉は、どのくらい一般化しているのだろうか。

かねてより国を挙げて進めていたというか、官民、様々に活動が進んでいたと言ったほうがいいかもしれないが、対象国の能力向上を図る取り組みである。

防衛省・自衛隊でも2011(平成23)年度に「能力構築支援室」が設けられ、東南アジアを中心とした各所に現役自衛官が派遣されはじめた。

「20年ぶりのカンボジアでした」

かつてカンボジアPKOに参加した幹部もいて、見違えるようになっていたプノンペンの街並みに目を見張った。

「あのときは若者の姿がありませんでしたから……」

内戦の時代、虐殺によって成人は激減していたのだ。行き会うのは、地雷で足がない人ばかりだった。それが、今は活気づいていた。

もっとも、今回赴いたプノンペンと地方とでは事情が違うであろうが、少なくとも中心部の様子は、当時はまったくなかった信号が今はあり、外資系企業が次々に進出しているなど、時代の移り変わりを感じさせた。

チームの任務は、カンボジア王国軍がPKOに乗り出すなか、その能力発展に必要な道路や橋の修理・建設作業の技術教育を行うことだ。

カンボジアは、すでに6つのPKOに1400名以上の要員を派遣しており、いまや南スーダンPKOにも参加している。

わが国が初めてPKOを派遣した国が、20年の年月を経て他国のPKOに赴いている。そして、その彼らの活動を再び日本が支援するということは、日本の政策の一貫性を示す象徴的なメッセージにもなるのだ。

また、こうした試みは二国間関係の強化のみならず、間接アプローチによる安全保障環境の構築に繋がるのである。

約2カ月間の研修では朝から夕方まで、ぎゅうぎゅう詰めの講義が組まれた。冷房はなく、暑い室内で汗を流しながらの授業だった。

道路や橋をつくるには方程式を使った計算が必要だが、彼らの学力には大卒から中卒まで格差があったため、数学の補習も行う必要があった。それだけに、修了式は感慨深かったという。

「あの頃に生まれた世代が、今、国を担っているんです」

カンボジアは、自衛隊初のPKO派遣となった国だ。20年前、将来を閉ざされたかのような状態だったカンボジアで「子供たちのために」と自衛隊が汗を流して取り組んだことは、若い世代の心にしっかりと刻まれていたのだ。日本が建設した「日本橋」もしっかりと、その姿を残していた。

そして、今度はカンボジアの若者たちが新たな橋を架けることになるのだろう。

陸自の原点ここにあり

ところで、国際活動でニーズが高まっている施設部隊には別の側面もある。いや、むしろ本来の任務であるのが「演習場整備」だ。災害派遣や国際活動と忙しく、ひと頃は南スーダンPKOだけでなくハイチへも派遣され、二正面作戦をこなしていた。海外への派遣が目立ってしまうが、演習場の整備は重要不可欠な仕事だ。

たとえば、富士の演習場ならば、東京の3～4つの区を合わせたほどの広大な敷地であるが、ここを常に訓練に支障をきたさないよう整備する必要がある。その他にも、年度の整備計画に基づいて実施するものや、訓練終了後に行うものもある。

整備期間中は訓練をストップするため、「終わっていないので延長してほしい」というわけにはいかない。ただでさえ訓練場は過密状態で、土日も、いっぱいになっているほどなのだ。10日ほどのあいだに、何としてもすべてを完了しなくてはならないのである。

「施設殺すにゃ刃物はいらぬ、雨の3日も降ればいい」

そんな戯《ざ》れ歌があるように、最大の敵は雨だ。悪天候が続くと、整地したそばから崩れていくことになり、そんなときは朝5時から夜10時頃まで作業を続けるなどザラだという。

日本の優れた施設機材、関連企業の開発能力にも驚かされるが、草や泥を集めてゴミ袋に入れるといった作業は、人の手によってなされる。こうした隊員たちによる手作業は、施設部隊のみならず、近傍部隊の援軍も加えて黙々と進められる、まさに「人海戦術」である。

私はその様子を見たことがあるが、「陸自の原点ここにあり」という気がした。そして、こうした地道な活動こそが、あの災害派遣や海外での成果に繋がっているのだ。

施設部隊への所要がますます増えると、演習場整備など、国内の作業に及ぼす影響は少なからずあるだろうと想像される。

一連の「人減らし」の波のなかで、乏しい充足率であっても完璧に任務をこなさなければならない。これは陸上自衛隊のみならず海上・航空自衛隊も同様か、それ以上深刻な問題を抱えている。限られた時間内で終わらせなければならない作業が次々に押し寄せ、重くのしかかっているのは確かだろう。

草刈りであれ、護衛艦のペンキ塗りであれ、敵からの侵攻を防いで設備を長持ちさせるための重要な任務の1つであり、本来、割愛してはならないことだ。自衛隊という組織には、やはり「人」が必要なのだ。

長時間の演習場整備作業を終え、凍《こご》えながら戻ってくる隊員に温かいカレーライスをつくっているのも、同じ苦労を分かつ隊員。この「思い」の共有が、組織の力になっている。

イラク派遣以降、施設部隊は道路の整備などだけでなく、学校など公共施設の復旧作業も任せられるようになり、「建築」という能力も求められるようになった。

ただ忘れてはならないのは、施設部隊はそもそも「工兵」であり、工兵といえば、かつて愛唱された『日本陸軍』では次のように歌われている。

「道なき魂に道をつけ　敵の鉄道打《う》ち毀《こぼ》ち　雨と散り来る弾丸を　身にあびながら橋かけて　我が軍渡す工兵の　功労何にか譬《たと》うべき」（大和田建樹・作詞／深沢登代吉・作曲）

つまり、先頭切って敵陣に突入する戦闘部隊だ。

その大前提に立ち返れば、現在はそれ以外の能力に偏重してはいないか。改めて施設科の軍における第一義を整理し、訓練に過不足ないかなどの配慮も求めたいところである。

第3章

屈強な精鋭たちの意外な素顔

昼夜を分かたず哨戒活動を行うP-3C

観光客はあまり気づかないかもしれないが、沖縄を訪れると那覇《なは》空港の離発着が遅れることは珍しくない。これは、国内でも有数の航空機が輻輳《ふくそう》する空港であるためだ。仕事でしか行ったことのない私は、「何のための時刻表なのか」とイライラしてしまうが、タクシーウェイ（誘導路）に何機もの飛行機が並んでいるのを見れば、これは致し方ないと諦めざるを得ない。

「30～40分、飛べないこともありますよ」

これは、旅客機パイロットのセリフではない。自衛隊機もＪＡＬやＡＮＡなどの旅客機と同じように、離陸待ちの列に並ばなくてはならないのだ。むしろ民航機のほうがダイヤが逼迫《ひっぱく》していることもあり、そんなに遅れないかもしれない。

自衛隊機は着陸の際も那覇上空で管制からの指示を待つことになり、だいたい旅客機のほうが優先され、自衛隊機は許可が出るまで上空をぐるぐる旋回していることになる。

分刻み・秒刻みで動いている自衛隊にとって、この状況は手痛い。まして、これが暇でのんびりした地方の空港ならばともかく、ここは他でもない沖縄県の那覇空港である。東シナ海における警戒監視任務の最重要拠点だ。

そんな那覇空港から、毎日休むことなく飛び立っている海上自衛隊のP－3C哨戒機に同乗した。南西方面のP－3Cによる警戒・監視活動は、近年ますます活発になっている。それはとりもなおさず、中国による活動が頻繁であることを意味していると言っていいのである。

ここで改めて、尖閣《せんかく》諸島に関わる事案を振り返ってみたい。

中国公船が活発に活動しはじめたきっかけは、2010（平成22）年9月だった。中国漁船が海上保安庁の巡視船に衝突した、あの出来事だ。

その後、2012（平成24）年9月に日本政府は尖閣諸島を国有化した。それ以降、領海や接続水域への侵入が繰り返されていると、一般的には認識されている。

しかし、中国海軍艦艇については日本政府の尖閣国有化以前から活動はすでに激しくなっていたというのが、多くの関係者の認識だ。

P－3C哨戒機(海上自衛隊HPより)

防衛省関係者は言う。

「国有化が中国側の動きを活発化させたとの表現もされているようですが、その前から、もう始まっていたのです」

たしかに、あたかも国有化が中国を刺激し、それが行動エスカレート化の免罪符のようになっている印象があるが、それはいささか単純化しすぎであろう。

また気になるのは、潜水艦の動向である。2004（平成16）年に国籍不明（その後、中国のものと判明）の潜水艦が日本の領海に侵入し、海上警備行動が発令されたことは、衝撃的な出来事として記憶に残っている。その後、2006（平成18）年10月には、沖縄沖にいた米海軍空母キティホークにソン級潜水艦が接近している。

さらに2013（平成25）年5月と2016（平成28）年3月には、領海への侵入はなかったが、接続水域内を航行する潜没潜水艦をP－3Cが確認している。国際法上、他国の領海であっても無害通航権があるが、艦艇は国旗を掲げ、潜水艦は浮上する必要がある。

このように、中国は潜水艦による国際法を無視した活動も活発化させているのである。国産の新型潜水艦の配備や、新しい基地の建設なども進めていると見られる。

2013（平成25）年1月30日には東シナ海において、中国艦艇から護衛艦に対するFC（火器管制）レーダー照射が確認された。

同レーダーを照射するということは、撃墜する相手をロックオンすることである。当然、護衛艦内にはけたたましい警告音が鳴り響いた。この際は、当時の小野寺五典《いつのり》防衛大臣が「射撃用のレーダー発出は異常」であるとコメントしている。

そして2014（平成26）年5月24日には、東シナ海における海上自衛隊や航空自衛隊機に対する中国軍機の異常接近まで発生した。Su－27がOP－3Cに約50メートルまで接近、航空自衛隊のYS－11EBには約30メートルの距離まで近づいたという。

さらに6月11日にも、OP－3Cに約45メートル、YS－11EBに約30メートル接

ＹＳ－11 輸送機（航空自衛隊ＨＰより）

近するという信じがたい事案が起きている。

　こうした背景から、沖縄に所在する海上自衛隊第5航空群では、昼夜を分《わ》かたずP－3Cなどによる哨戒活動を行っているのである。

　P－3Cは米国ロッキード・マーティン社が開発し、川崎重工業がライセンス国産する哨戒機である。海上自衛隊には1982（昭和57）年に初めて納入され、約80機を保有している。そもそもは、対ソ連の活動が主で、潜水艦に対する警戒監視が主であったことから、「対潜哨戒機」と呼ばれてきたが、現在は対象が潜水艦だけではないため、名称も変化したようだ。

　海上自衛隊では他にも、このP－3Cを改造したOP－3CやEP－3、UP－3C、

UP－3Dなども用いて情報収集を行っている。

冷戦期はソ連の太平洋艦隊を相手に対潜能力を向上させ、米国からも高い評価を得るようになっていった。そうした活動が、米軍との信頼関係に繋がったことは、言うまでもない。つまり、彼らの地道で確実な活動が1つの外交的な役割を果たしてきたと言えるのである。

搭乗員の驚くべき判別能力

P－3Cの運用の現場を見た。

フライト時間となり、機内には11名の搭乗員が整列。天候や飛行要領などを改めて確認し、配置に就く。いよいよ離陸だと緊張するも、前述のとおり、2分に1回の離着陸というだけあって、なかなか飛び立つことができない。

コックピットから前方を見ると、何とP－3Cの前にはポケモンの絵柄の旅客機をはじめ多くの民航機や、F－15戦闘機までが5～6機ほどずらっと並んでいるのだ。

「お昼どきは、一番混むんですよ」

飛行隊長は慣れた様子だが、ランチタイムの食堂ではあるまいし……という皮肉も込められているのだろう。

近年、那覇空港では国際線（中国や台湾、韓国など）を含む民航機も増えつづけ、さすがにこのままでは立ちいかないということで、第2滑走路がつくられることになった。

しかし運用は2020年からであり、またこれができても、現状からすれば、画期的に混雑が解消されるわけではないようだ。

航空自衛隊OBも懸念する。

「那覇からは戦闘機の緊急発進もあり、その回数も増えていますので、こうした混雑は国防上、大きな問題です」

空港が混み合っていて領空・領海・領土が守れなかった――などということになれば、目も当てられないのである。

40分ほども遅れて離陸したP-3Cには、操縦士、機上整備員、戦術航空士（TACCO）、航法・通信員、ソナー員、レーダー員、計11名の搭乗員が持ち場に就いている。

米国は操縦士が3名体制であるため、米国仕様の海上自衛隊P-3Cには機内の頭上に簡易ベッドも備えられているが、海上自衛隊では使われることはない。そのため、ここはいつも荷物置き場になってしまうのだという。

実は、P－3Cはよく揺れる構造になっている。時速約500キロで、30キロ程度しか出ない船を追うためには、海上をぐるぐると回らなければならないため、翼が短くなっているのだ。

通常、警戒監視は約8時間の飛行となる。その間《かん》、絶え間なくレーダー画面や目視《もくし》などで監視を行うには、相当な集中力が必要だ。

目標を捜索する高度はおおむね400～1000メートルの低い高度で、遠距離からレーダーと赤外線カメラで目標の位置を把握し、その後、目視による確認を行う。そして、さらに高度を下げ目標に接近し、500フィート（約150メートル）という低さで1隻ずつ双眼鏡と目視で確認したうえで、写真撮影を行う。

200フィート（約60メートル）まで降下することもあるが、ここまでになると海との距離が近すぎて、空と海の違いがわからないほどだ。

こうした活動は地味に見えるが、非常に重要だという。

第5航空群司令は語る。

「非常に地道な作業ではありますが、これを毎日続けることが大事なんです。船がどれくらい汚れているのか、積み荷はどれくらいなのかなど、日々の違いに気づくことで、おかしな動きをする船がわかります」

この日も、中国漁船を次々に発見した。これらが増えているのか、どこに向かっているのかなどの変化を捉えることが重要だ。

実際、搭乗員の判別能力には驚かされる。目視で正確に距離を申告。船の長さと海の航跡から「速度は○○ノット」と計算するのだ。船のマークで、どこの船会社なのかもわかる。

彼らはフライトがないとき、ひたすら勉強しているのだという。データは彼らの頭の中にあるのだ。

「休みですか？　盆も正月も関係ありません。任務の増加で搭乗員のローテーションもきつくなっていますが、士気は旺盛です！」

盆と正月はないが、中国の休日や中国が悪天候のときには休める⁉などという、笑えない話もあるほどだ。休めないことよりも、搭乗員たちにとっては、中国機の異常接近のような挑発行為に耐える悔しさのほうが大きいのではないだろうか。P－3Cはハープーンミサイル（対艦ミサイル）などを搭載するが、攻撃に遭えば防御する術《すべ》はない。

高可動率を支える整備の現場

休みがないのは搭乗員だけではない。司令部で作戦の立案に携わる隊員、飛行前後の航空機の点検、修理に携わる整備員など全員だ。

低高度で海面すれすれを飛ぶP–3Cの整備は手間がかかる。とくにここでは塩害だけでなく沖縄独特の湿気もあり、ダメージが大きいのだ。

日本は保有機数が多いが、自衛隊の航空機は整備能力の高さから、その可動率（動かしたいときに正常に動かすことができる度合）が高いことが、むしろ重要なポイントだ。同じようにP–3Cを運用する韓国などの可動率は低いらしいと言われている。

高可動率を支える日本の整備は、いたってきめ細かい。まず、飛行前点検は飛行開始の3時間前から始まる。そして飛行後は、2時間に及ぶ整備だ。

フライトの数が増えているということは、整備の現場も多忙を極める。「今回は手間がかかるから時間をくれ」というわけにはいかないのである。任務に支障をきたすことは許されないため、飛行後2時間できっかり終わるわけではない。

「遅くまで作業が続くこともありますが、間に合わせることが私たちの仕事です」

残業代がつくわけではないが、何としても飛ばさなくてはならない。シビアな時間との闘いが毎日、繰り広げられているのだ。

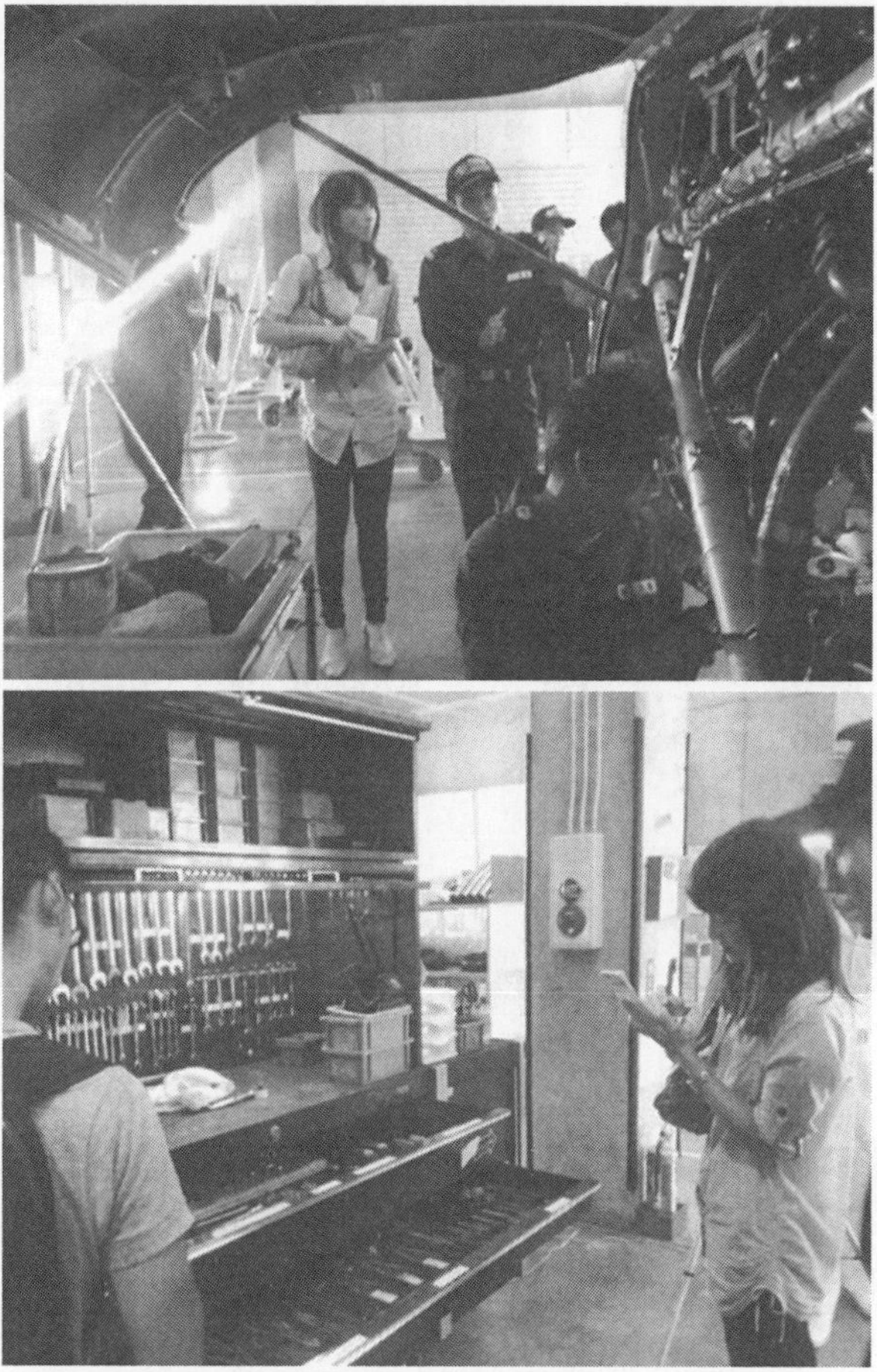

海上自衛隊第5航空群の整備現場を取材する著者(以上、撮影・著者)

整備隊の皆さんが作業する現場を見に行くと、19歳の若い隊員から51歳のベテランまでがいる。きれいに並べられている工具は数百種類だろうか。数えきれないほどであるが、すべてがピカピカに磨かれていて、工具までもが徹底管理されていることがわかる。

こうしたことも、思いがけない故障や事故を防ぐ予防的な整備の一環なのだ。整備隊員はこのすべてを手にし、それが何に用いられるのか、体で覚えるという。

P－3Cは米国のライセンス生産であるため、これだけ長い期間使用する自衛隊にとっては、老朽化によるダメージや部品枯渇の悩みが尽きないようだ。

さて、このように多忙を極めるP－3Cであるが、通常任務に加えて災害派遣にも出動し、また海外でも活躍している。ソマリア沖アデン湾での海賊対処は2009（平成21）年から継続している。護衛艦による警戒・防護等に加え、上空からの警備活動は大きな抑止力となっている。

また、2014年3月8日に行方不明となったマレーシア航空370便の捜索活動にも、国際緊急援助飛行隊としてP－3C2機、44名が出動している。

この捜索には世界から最大で26カ国が参加した。海での捜索は野球場で針を捜すようなものだと言われていて、こうした捜索を行うには、まず消息を絶った地点を中心

2016年８月６日、派遣海賊対処行動水上部隊。タンカーを護衛する「すずつき」(防衛省統合幕僚監部ＨＰより)

2014年３月24日、マレーシア航空370便の捜索をＰ－３Ｃ哨戒機により豪軍と共同で実施(防衛省統合幕僚監部ＨＰより)

に捜索範囲を広げていく方法が通常であるが、その地点がわからないため、ひたすら海の上を飛びつづけなくてはならなかったという。

沖縄の第5航空群を訪ねてつくづく感じたことは、すべての人が予防的な観点で行動していることだ。海面上の低空飛行に加え、沖縄という独特の気候条件などから、考え得るダメージを予測しての整備、そして継続的な情報収集・偵察活動により様々な事態の「兆候を察知する」こと、わずかな変化を見逃さない隊員それぞれの磨かれた能力、これが東シナ海のみならずわが国防衛のために果たす役割は、極めて大きい。

「ありがとう」「謝謝《シエシエ》」

マレーシア機捜索に出動した各国のP−3C乗組員のあいだに、こんな出来事があった。

「一緒に写真を撮ろう」

マレーシア機の捜索部隊の拠点を訪れたオーストラリアのアボット首相（当時）が言いだした。捜索には世界から最大で26カ国が参加していたが、アボット首相はなぜか他の国を差し置いて、海上自衛隊の指揮官である岩政秀委《いわまさひでつぐ》2等海佐と、中国、韓国から来ていた両指揮官に声をかけたという。

「私たちは戸惑いました。とくに中国、韓国には、日本と仲良くしてはいけないという気が強いからです」

中・韓の2人は岩政2佐から目を逸《そ》らし、近づこうとしない。このままではアボット首相の面子《メンツ》が潰れる――。岩政2佐は失礼を承知で、思い切って韓国の指揮官をぐっと抱き寄せた。そしてアボット首相に促され、中国の指揮官も……。

かくして、引きつった顔の中国、韓国、そして日本、オーストラリア首相という、ぎこちない4ショット記念写真は撮影されたのである。中国と韓国の軍人には、日本の自衛隊と親しくして、母国に帰ったら何を言われるかわからないという事情が常について回るにもかかわらず……。

間《ま》もなく日本部隊の撤収のときがきた。最後のミーティングで、自衛隊から一言挨拶したい、と申し出た。これまで意見を求められれば発言はしたものの、多国間で色々な思惑もあるなか、慎重な態度を続けてきた日本が、初めて自ら申し出た。岩政2佐は、おもむろに口を開いた。

「ありがとう……」

前日から必死で、参加国すべての言語での「ありがとう」を覚えた。短期間ではあるが、困難なミッションを共に行った仲間に一番伝えたいことだった。

そのとき、韓国、そして中国の指揮官も立ち上がった。韓国の指揮官は、思わず熱い握手を交わしてきた。中国の指揮官は岩政2佐を見つめて言った。

「謝謝《シェシェ》（ありがとう）……」

初めて交わした言葉だった。熱い思いがこみ上げた。帰国すれば、互いにまた東シナ海での厳しい任務が待っている。P―3C部隊の知られざる一幕であった。

24時間365日の揺るぎない防空体制

よく警察や消防の24時間の働きぶりを追いかけるテレビ番組があるが、航空自衛隊もまったく同じような体制で防空を担っている。消防や警察と違うのは、排除しなければならない相手が空の上にいて、わが国本土からできるかぎり遠い地点で取り締まる必要があるということだ。

わが国の領空を侵犯しようとする航空機に対する、航空自衛隊機によるスクランブル（緊急発進）が増えている。2016（平成28）年の4月から翌年の1月までの10カ月間で1000回を超え、冷戦期を上回り、過去最多となっている。

とりわけ中国軍機に対するスクランブルの増加が著しく、過去最多を更新している。

私自身、沖縄の自衛隊基地を訪問した際にスクランブルに遭遇することが重なり、

中国機に対する緊急発進回数の推移

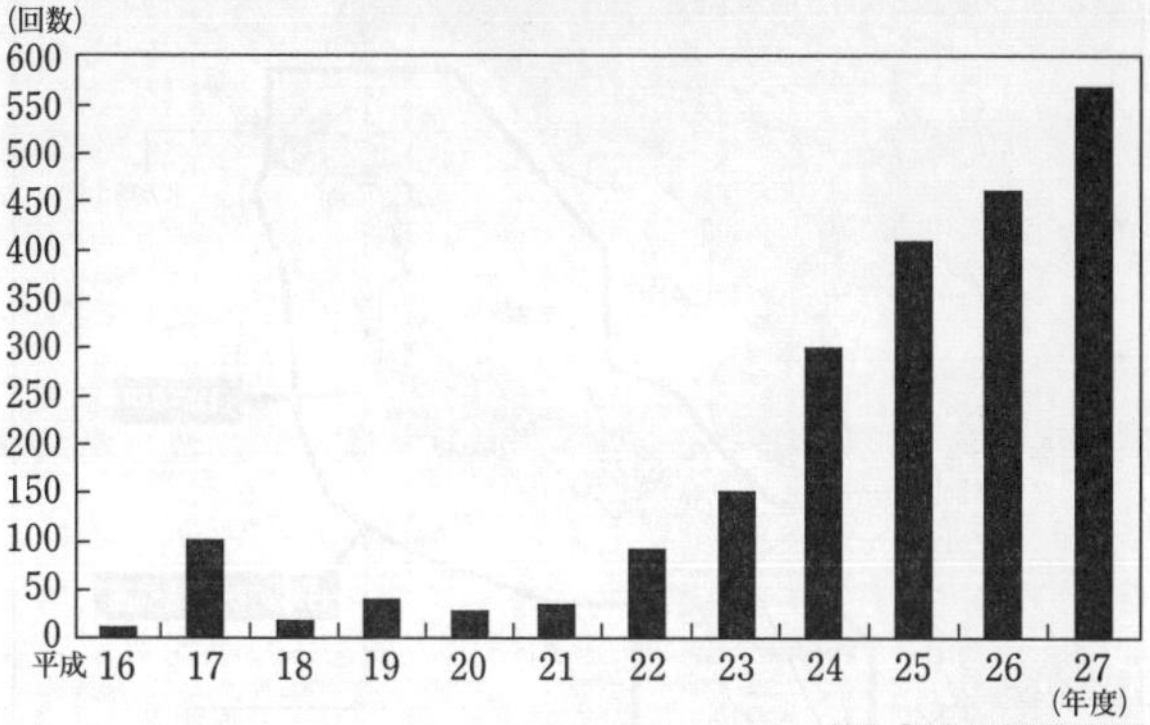

(出典:『平成 28 年防衛白書』)

同地域での活動がいかに頻繁かを実感している。それだけでなく、中国は東シナ海に防空識別区を設定、自衛隊機に異常接近する事案なども発生しており、緊張が高まっている。

一方で、ロシア機に対するスクランブルも減っているわけではない。こちらも最多のレベルに達しているのである。今、わが国はこうして中・露による圧力を絶え間なく受けている状況にあり、航空自衛隊機による二正面の対領空侵犯措置がますます重要性を増しているのだ。

領海への侵入との違いは色々あるが、もっとも大きな特徴は、その速度である。海上であれば領海侵入から本土まで30分ほどはかかるが、戦闘機の場合は時速1000キロで領空侵犯されたら領土までわずか1分半で到達

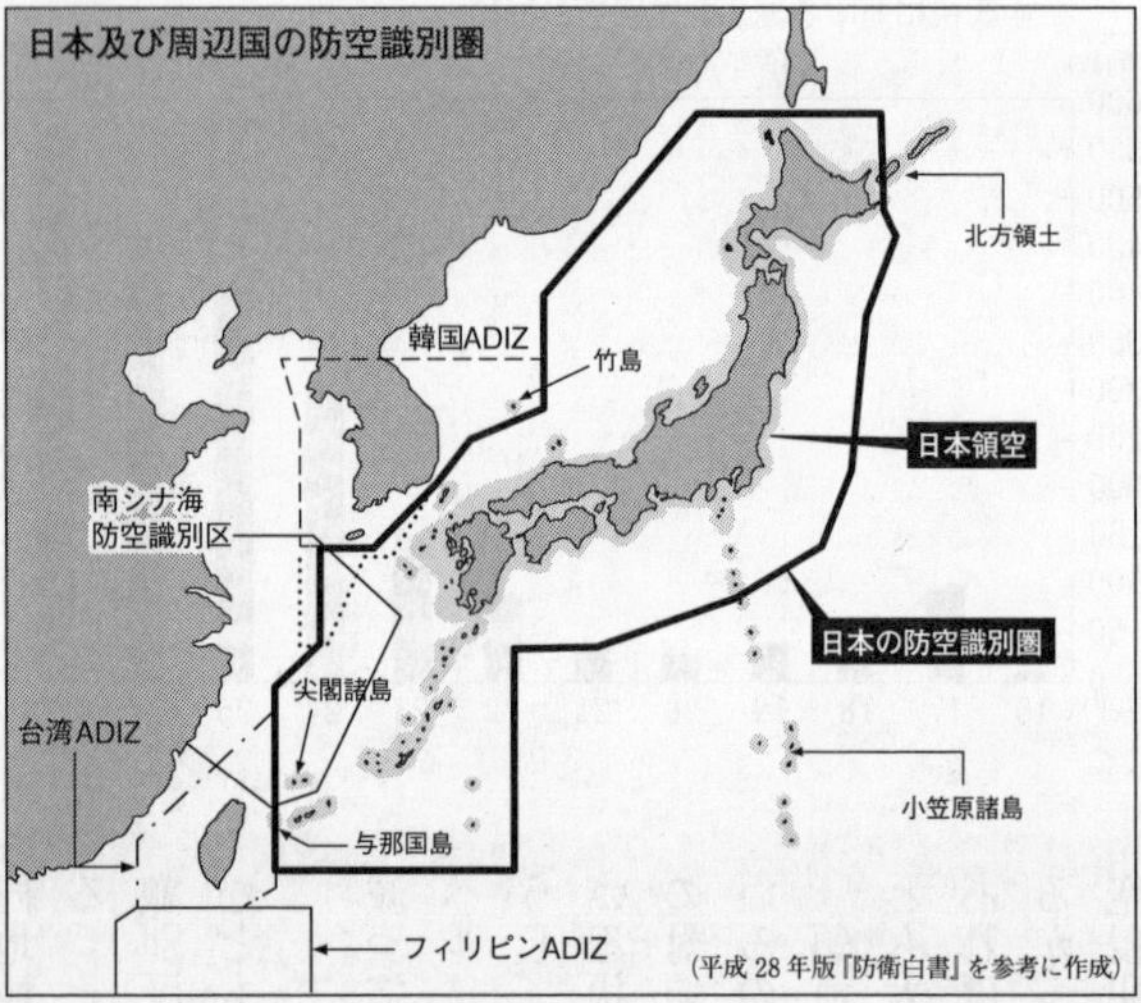

（平成28年版『防衛白書』を参考に作成）

してしまう。そのため、スクランブル待機をしている隊員たちは、発進命令が下ってから5分以内で飛び立てる態勢を維持している。

このような完璧なパフォーマンスができるのは世界中を見渡しても日本くらいで、イスラエルが次に続くレベルではないかと言われるが、これは日本が専守防衛であることと大きく関係しているのだろう。

とにかく、こうした24時間365日の揺るぎない防空の体制が、相手につけ入る隙を与えない国防力になっているのである。

この体制を保つためには機体も滑走路も常に完璧に整備されている必

要があり、これだけの頻度になれば整備作業が徹夜になることもあり得るだろう。アラート機に駆けていき、飛び乗るパイロットの背後には、数多くの支える隊員の姿もあるのだ。

また言うまでもなく、彼我《ひが》不明機を探知・識別する全国のレーダーサイト等の機能も常に働いている。レーダーに映る数千に及ぶ飛行物体（画面上で確認されるのは航空機だけではなく鳥なども混在する）に集中する隊員たちの苦労も、忘れてはならない。

全国に28カ所あるレーダーサイトは、ほとんどが山中などの僻地《へきち》にあり、スーパーマーケットもコンビニもない所で頑張っている人たちは、パイロットのように自衛隊のポスターやカレンダーには載らないかもしれないが、なくてはならない存在だ。

このように、米粒のような点に目を凝《こ》らし、たった1つの部品、たった1つの小石にまでも注意を払いながら、ほんのわずかなミスが命取りになるなかでの対領空侵犯措置を見事な連携でこなしているのは、そのための厳しい訓練が同時進行で行われているからである。

これだけ実任務が増えているなかで、訓練を従来どおり継続させている努力にも頭が下がる。

早急に改善されるべき法整備

2016(平成28)年1月31日には、航空自衛隊那覇基地の南西航空混成団(2017年7月1日に「南西航空方面隊」に改編)隷下に「第9航空団」が新しく編成された。それまでF-15戦闘機が20機体制の1個飛行隊であったのだが、40機体制の2個飛行隊に増強されることになったのだ。南西方面の対領空侵犯措置がこれだけ増加していると、パイロットをはじめローテーションは非常にキツくなっていたはずだ。

那覇空港では沖合に第2滑走路を建設中であり、1本の滑走路を民航機と前述の海上自衛隊機などが並んで待つような状態で、そのなかを航空自衛隊の戦闘機がスクランブルで飛び立っていく。

それだけでも、わが国の安全保障体制はどうなっているのかと危機感を覚えるが、沖縄の地元紙では、「自衛隊のための滑走路増強は民航機の離発着に影響するのではないか」と心配しているのだから、いつもながら驚かされる。

このように部隊は増強されたが、ここでますます法整備も進められる必要性が出てきた。

昨今の周辺情勢を見るに、これまでの体制だけでは、もはや十分な防衛力たり得な

F－15戦闘機(航空自衛隊HPより)

くなってきているのだ。それは、かねて指摘されてきた航空自衛隊の法的制約・権限の曖昧さに起因する。

航空自衛隊の対領空侵犯措置は警察行動であるため、いわば海における海上保安庁と同様の対処となる。海上保安庁の場合は、その任務の範囲を出れば海上自衛隊が担うことになるが、空においては航空自衛隊が警察権を行使しつつ、事と次第によっては自衛権を行使するという複雑さがある。

対領空侵犯措置は、法的には自衛隊法84条を根拠としており、これは警察権の行使にすぎないため、武力の行使は認められていない。武器の使用については正当防衛・緊急避難の場合のみである。数分のあいだに、警察権の行使なのか自衛権の行使なのかという政治判断を待つのは、とても現実的ではない。

個別的自衛権を行使するには防衛出動が下令される必要があり、これは国会の承認を得て内閣総理大臣が発令する。さらに武力行使となれば、内閣総理大臣からの命令が必要となるという構造だ。

集団的自衛権についても、かりに近くの米軍機や艦船などが攻撃を受けた場合でも、それ以前に防衛出動が下令されていなければ、防護や反撃はできない。

これについては、自衛隊法95条「武器等の防護のための武器の使用」により正当防衛・緊急避難の範囲内で武器を使用するのか、あるいは集団的自衛権の行使が認められるようになっても、個別的自衛権が行使できなければ、米軍は防護できるのに自国の艦船などは守れないという状況が生じることにも留意する必要がある。

私は、航空自衛隊の戦闘機からスクランブルを受ける研修に参加する機会を得た。そこでわかったのは、航空自衛隊戦闘機がいかに慎重に、とにかく慎重に、対処行動を行っているかである。

対領空侵犯措置は、あくまでも「平時の任務」であり、対象機に対してはひたすら警告を繰り返すことになる。そして、だんだんと語気を強める、翼を振るなどの措置をとるのである。

もし領空侵犯された場合はどうするのか？　武器の使用も含めた相応の対処が考えられるが、実は自衛隊法にはその権限規定がないという不備もある。早急に改善されるべきだろう。

もし、相手に日本への攻撃意図があるとわかったとしても、前述したように、わずか数分のあいだに「平時」から「有事」に切り替えるのには困難さがある。それ以前の段階での武器使用が認められていないと、エスカレートする中国機などに対処できなくなってくるだろう。「撃墜される」という恐怖感を与えなければ、抑止にならないのである。

私が受けた研修では、霧のため、信号弾の発射が中止された。海上に漁船がいるかもしれないからだ。自衛隊において、こうした配慮は有事においても変わらないのである。

そうなると、国内重要施設の破壊、あるいは自爆テロなどの意図を持った戦闘機が領空侵犯した場合、航空自衛隊機は体当たりしてでも阻止するのではないか？　そんなことが頭をよぎってしまうのである。

ところで、防衛研究所の岡田志津枝氏の論文によれば、すでに日本が独立を果たした後の1952（昭和27）年6月13日、日本海で米軍のB－29がソ連機に撃墜される事案があったという。さらに同年10月7日には、やはりB－29が歯舞《はぼまい》諸島の勇留《ゆり》島付近でソ連機に撃墜されている。

この時期、ソ連機による領空侵犯が頻繁に行われていたのである。これらの事実を日本政府はじめ一般国民は知らなかったが、米国は同年10月以降だけでも47回を数える旨《むね》を日本政府に伝えるとともに、１９５３（昭和28）年2月16日には、米軍機が北海道周辺の上空で領空侵犯機を撃墜した。これ以降、故意の領空侵犯はパッタリ途絶えたという。

戦後、すべての航空機能を閉ざされていた日本にとって、領空侵犯を阻む頼りは米軍機しかなかった（当然、それは戦勝国米国のなせることではあったが）。ソ連機に領空侵犯を許し、それに対処した米軍機が撃墜されていたという事実は、わが国に独自の防空能力の必要性を促し、航空自衛隊発足の契機となった。

その後、米軍指導の下で技術が育成された歴史的経緯を考えれば、米軍との協同作戦の意義を、改めて感じざるを得ない。

わが国の安保論議が拙劣である根本原因

航空自衛隊のある基地で、隊員の皆さんへ講話をする機会があった。戦闘機も所在し、普段は訓練等で活気づいているであろう滑走路を見ると、そこに航空機の姿はなく、静まり返っている。もちろん、拙話《せつわ》のために訓練をストップしたわけではなく、聞けば、その日は近くの学校の入試当日ということで、すべての訓練飛行を止めていたのだ。

そういえば、以前にも航空自衛隊基地で講話を行った際、同じように、近くにある学校の試験に配慮して訓練をしていなかったことを思い出した。ただし、そのときは途中で突然に戦闘機の離陸音が轟き、講堂にいた何人かが外に飛び出ていった。スクランブルだった。

昨今のスクランブルの増加は前述したとおりであり、中国戦闘機の自衛隊機に対する挑発行為が発生していることからも、いっそうの防空体制強化を望む状況であるが、そんななかでも自衛隊は、近隣住民への配慮を欠かさない。

２０１５（平成27）年2月に埼玉県所沢《ところざわ》市で、小・中学校28校にエアコンを設置するかどうかを問う住民投票が行われたのも、基地対策に関係していた。

これらの学校は入間《いるま》基地に近いということで防音のための補助金給付対象であったが、市長が「エアコンは必要ない」として辞退したため、エアコン設置を求める保護者らが署名を集めて住民投票の実施に至ったのだ。

これらの学校の教室は二重窓になっているため、真夏に窓を閉めきってエアコンがないと、近年の暑さではとても勉強に集中できないだろう。しかし、防衛省・自衛隊側でこれだけ配慮して補助金を付けても、それを拒まれては手の打ちようがない。ワイドショーなどでは「そもそも自衛隊の飛行機の騒音が悪い」と極論を言う人までいて、驚き呆れるばかりだった。冷戦終結後、緊急発進が最多レベルという緊迫した日本の防衛、そのために命を懸ける隊員――その事実をもっと理解していれば、トンデモ議論は起きないはずだ。

ついでに言わせてもらうと、自治体が「騒音」や「危険性」を理由に基地反対を声《こわ》高《だか》に叫べば補助金が落ちるという構図が相変わらずあることが、わが国の安保論議が拙劣《せつれつ》である根本的な原因ではないだろうか。

「地方創生」のために知恵を絞っている地域もある一方で、こうした補助金依存体質の地域が、さして努力もせずに裕福になってしまうのである。

補助金だけではなく、人々に国防についてしっかり学んでもらうことこそ、真の「基地対策」ではないだろうか。

13秒間の壮絶なる物語

入間基地をめぐるエピソードは、エアコン設置を問う住民投票以外にもある。

1999（平成11）年11月22日、航空自衛隊入間基地所属のT－33A練習機が墜落し、パイロット2人が殉職、その際に高圧電線を切断して80万世帯が停電となる事故が発生した。翌朝の新聞はこれを大々的に報じ、「また自衛隊事故」「東京・埼玉で停電」といっせいに叩き、防衛庁長官が謝罪する事態となった。

「パイロットが未熟だったのではないか」

そんな批判を明確に覆《くつがえ》すことになったのは、1年後の航空自衛隊事故調査委員会の報告書だった。

エンジントラブルが発生し、ベイルアウト（緊急脱出）を管制に告げた機長であったが、なぜかすぐに脱出せず、13秒後に再び同じ言葉を叫んでいたのである。

この間《かん》に何が起こっていたのか――。

2人はベテランパイロットで、脱出可能な飛行高度は熟知していた1度目の脱出宣言地点は高度360メートル、パラシュートが開くギリギリの高さだった。しかし、2人の眼下に見えたのは狭山《さやま》市の住宅街。そこには人々の平穏な暮らしがある。

「空き地を探すんだ！」

とにかく市街地を避けようとしたのだろう。急降下して制御不能となった機体は、河川敷に向かった。

「ベイルアウト!」

そのとき、高度は70メートルになっていた。もはや脱出は不可能であった。しかし機体が電線を突き破り墜落するなか、2人は脱出を試み、パラシュートが完全に開かないまま地面に叩きつけられて死亡した。

なぜ、助からないとわかっていて脱出装置を作動させたのか。その問いには、後に出た記事で仲間の自衛官が答えている。

「駄目だとわかっても、作動させます。そうしないと、脱出装置を整備した隊員にいらぬ心配をかけますから」

航空機を飛ばすのはパイロットだけではない、地上整備員をはじめとする、多くの隊員に支えられている。最後の瞬間、2人の脳裏に浮かんだのは、そんな仲間たちのことか、あるいは帰りを待っている家族の姿だったのだろうか。そんな人たちに心配をかけたくない気持ちが、最後まで諦めない動作に繋がったに違いない。

当時、「停電で冷凍庫のアイスクリームが溶けた」と報じられた事故。あれから20年近く経ち、自衛隊への理解度はずいぶん変化したが、この13秒間の壮絶なる物語は後世に残していかねばならない。

世界に誇れる第1空挺団の実力

千葉の習志野《ならしの》あたりに住む人に、第1空挺団に行ってきたと話をしたら、「あの、よく居酒屋で大騒ぎしている人たちのことですか」と返された。地域ではとにかくその剛毅《ごうき》な雰囲気だけが目立つようであるが、その実態は、胸に空挺徽章《きしょう》を輝かせる陸上自衛隊の精鋭部隊だ。

「グリーンライト！　ゴー！」

米陸軍の第82空挺師団出身者によると、空挺学校で「ブラック・ハット」と呼ばれる文字どおり黒い帽子の鬼教官の下で覚えた手順が、いつまでも身体に染みついているという。

訓練は自衛隊も同じだ。赤いランプが消え、緑色が点灯したら、降下の合図である。前に乗り出すと、すさまじい風と轟音。しかし躊躇《ちゅうちょ》して瞬時でもタイミングを外し、目的地点が変わってしまえば、後に続く仲間を危険に晒《さら》すことになる。降下の合図と同時に、何が何でも飛び出さなければならない。

そして、その後の動作も重要だ。通常は約三百数十メートル上空から降下するが、この高さだと、もし落下傘が開かなかった場合は9秒後に地面に激突する。落下傘の開傘《かいさん》は、4秒だ。そのため、予備傘を開かねばならないタイミングが極めて重要なのだ。

予備傘の開傘にも3~4秒はかかるため、主傘に不具合が生じた1秒ないし2秒後に処置しなければならない。それゆえ、飛び出した瞬間から「4秒数えろ!」と訓練で叩き込まれるのだ。

「One thousand……Two thousand……」

大きな声で数え、4秒後に「チェック・キャノピー!」と叫ぶ。「天蓋《てんがい》」を意味するキャノピー、つまり落下傘が無事に開いたかどうかを見る。陸上自衛隊の場合は「初降下、2降下、3降下、4降下、点検!」の掛け声である。

落下傘が開いたら、なるべく急激に着地しないよう風上《かざかみ》に向かい、膝を揃えて体重を分散する受け身の姿勢をとる。着地したら、すぐに起き上がり、速やかに傘を畳んで次の行動に移るのである。

この一連の動きを、すべての空挺隊員が100%身につけている。そうでなければ、空挺作戦は成り立たないからだ。

落下傘降下は、降りることが目的ではない。あくまでも、速やかに敵の後方や空白

空挺団の装備。すべて担ぐと身動きできないほど重い！（撮影・著者）

地に進入する手段である。強靭《きょうじん》な体力はもちろん、どんなときでも飛び出し、また着地して速やかに行動する精神力と身体能力がなければ、空挺隊員にはなれない。

着地したところには、銃を持った敵が待ち受けているかもしれないのだ。手順を覚えるだけならば、もっと短時間でもできるかもしれないが、地上で同じことを何度も飽きるほど繰り返し行うことにより、忍耐力や仲間意識が練成されるという意味もあるのだろう。

第1空挺団が所在するのは、千葉県船橋市にある習志野駐屯地。ここは旧陸軍騎兵学校跡で、最近まで当時の厩舎《きゅうしゃ》（馬小屋）などが使われていた歴史のある場所だ。今にも硫黄島《いおうとう》で戦死した「バロン西」こと西竹一大佐が、どこからか乗馬で現れそうな雰囲気のある場所である。

「ここでは昔から、いわゆる〝鬼軍曹〟がいて、隊員を育てています。空挺団は階級なんかじゃない、実力がものをいう世界です」

関係者は、そう口を揃える。航空機内を統制するのは、あくまでジャンプマスターたる降下長なのだ。陸上自衛隊において、いわゆる下士官が将官に指示を出すということはあり得ないが、空挺は例外だ。

猛者《もさ》は、他にもたくさんいる。たとえば、降下地点を地上で誘導する降下誘導員の力も大きい。これは、各人が誘導なしで降下できる実力を持っていなければ務まらない。

風を計算して、ぴったり一線上に降りられるよう飛行機を誘導する。狭い演習場で訓練しなければならない日本特有の事情もあるが、米国などでは見られない、世界に誇れる実力だと言える。

習志野に行くとよくわかるが、自衛隊の敷地のすぐ横には住宅が並んでいる。当然、多くの住宅が後にできたわけだが、日本の場合はどんな事情でも住民への配慮が最重要となってしまう。それ以前に、広大な敷地を持つ米軍などでは、そこまで正確な場所に着地する必要などないのである。

鎖のように固く結ばれた「傘の絆」

さて、ここで空挺部隊の歴史を振り返ってみたい。

空挺作戦は、第一次世界大戦から、少人数の潜入のために実施されるようになった。本格的にエアボーン部隊が編成されたのは、ソ連軍が初であったようだ。

その後、ドイツ軍も練成を進め、第二次世界大戦におけるクレタ島の戦いで瞬く間《ま》に島を占領したことは有名だ。

記録によれば、このときの高度はわずか120メートルだったという。驚くべき作戦であるが、犠牲を厭《いと》わない空挺の本質を見るようでもある。このときは4割ほどの兵が負傷したと言われているが、相手に与えるインパクトの大きさを考えれば大きな成果と言える。

現在、米軍でも、実戦では低高度での降下を行っているようだが、ここまでの低空はないだろう。ちなみに降下は昼間に実施されることはなく、たいていは夜間の作戦となる。

日本軍では海軍による落下傘部隊が1941（昭和16）年に編成された。司令官は堀内豊秋中佐（終戦時は大佐）で、翌年1月にインドネシア・セレベス島のメナドへ降下し、攻略に成功。

続いて2月14日には陸軍がパレンバン空挺作戦を成功させたが、こちらのほうが油田や製油所などの戦略拠点を押さえたことから大きく評価され、大ヒット曲『空の神兵』も誕生した。これは陸軍部隊の活躍を描いた映画の主題歌となった。

余談になるが、堀内大佐はデンマーク体操にヒントを得て海軍体操を考案した人物でもある。体育教育の重要性を教え残しただけでなく、占領地の地元民から大いに慕われ、「帰らないでくれ」デモも起きたほどだったという。

メナドでも「われわれを救うために天から降りてきた」と、オランダの圧政に苦しめられていた人々に歓迎されたと言われている。戦後、家族の元に戻ってからしばらくして戦犯としてメナドに送られ、処刑された。

堀内大佐は部下の起こした暴力事件の責任をとるかたちではあったが、いっさいの言い訳をせず刑に処されたと言われる。この態度に敬服したオランダ側は、儀仗隊《ぎじょうたい》による栄誉礼を以《もっ》て刑を執行したという。地元インドネシアの人々の悲しみは大きく、その後、慰霊碑も建てられた。

海軍はメナド以降は空挺作戦を行わなかったが、陸軍はこの後も様々な作戦を遂行した。レイテ島の戦いにおける高千穂《たかちほ》空挺隊や、奥山道郎大尉率いる義烈《ぎれつ》空挺隊などが代表的だ。

義烈空挺隊は終戦間際、沖縄に上陸した米軍が占領した飛行場への切り込み作戦部隊であった。航空機を胴体着陸させ、敵を攪乱《かくらん》するのだ。

空挺部隊は当時、「挺進隊」と呼ばれていた。挺進は「挺身」、つまり身を捨てて国に尽くすことを意味していたのである。

それは、決して投げやりな発想ではない、危険を顧みずに誰かがやらなければ、敵の攻撃を増長させ、国民が受ける被害も大きくなっていたのである。このように空挺部隊は、あるときは華々しい「空の神兵」であるが、戦況が悪化すれば、文字どおり身を挺して戦う男たちの集まりなのだ。

空挺団長は語る。

「空挺団には、『傘の絆《きずな》』という

空挺団の訓練を体験する著者

落下傘の回収（以上、撮影・著者）

言葉があるんです。自分の命を預ける落下傘を誰が畳んでいるのかはわかりません。人を信じられなければ、空挺部隊ではやっていかれないのです」

落下傘を畳むのには資格が必要で、「パラシュートリガー」と呼ばれる落下傘整備中隊がこれにあたる。彼らは万国共通で赤い帽子を被り、一目《いちもく》置かれる存在だ。自分の落下傘が万全かどうかはパラシュートリガーにかかっているのである。

どんなに偉い人の落下傘でも、陸士などの若い隊員が畳んでいる。それでも信じて飛べるのは、彼らが階級や年齢を超え、鎖のように固い絆で結ばれているからなのだ。

また、主傘と予備傘、そして大きな背嚢《はいのう》に加えて小銃などを装備すれば、50キロ以上の負荷がかかり、身動きもうまくとれない。物をとる、紐を結ぶ、そんな１つひとつの動作をするにも、互いに手助けをしなければならないのだ。

だから彼らには、「１人では何もできない、助け合わなくてはならない」という精神が息づいているのだ。

子供たちの笑顔のために命を懸ける

私が彼らの屈強さ以外の一面を知ることになったのは、東日本大震災の被災地を訪れたときだった。空挺団は福島に入っていた。捜索が終わった民家に布団や畳がきちんと重ねられている。こんな丁寧なことをするのは誰なのか——見た人は皆そう思ったが、それが第１空挺団だったのだ。

また、「原発事故で避難した地域に、ペットの犬や猫が家に残っているので助けてきてほしい」という切実な願いにも、密かに応えていたようだ。息絶えてしまっていたペットを発見したら埋葬し、手を合わせた。

震災から５年の月日が経過してはじめて、『産経新聞』紙上で当時の陸上幕僚長であった火箱芳文《ひばこよしふみ》氏が打ち明けたところによると、あのとき、第１空挺団を「石棺化作戦に投入しようとしていた」という。「石棺化作戦」とは、ホウ酸とコンクリートの

「石棺」で原子炉を封じ込めようというものだった。

もちろん、作戦は極秘のもので、知っていたのは折木良一統合幕僚長と火箱陸上幕僚長らの最高幹部数人のみだったようだ。それだけではなく、陸上自衛隊では福島第1原発2号機の屋上から建屋内に入り、原子炉にホウ酸をまく作戦も検討していたのだという。

しかし、あの自衛隊ヘリCH−47による決死の放水によって原子炉の温度が低下したことから、その極秘作戦は実施されることはなかった。

また火箱氏によれば、発災1週間後から飯舘村《いいたてむら》に展開していた空挺隊員たちの被曝線量は上昇していたという。これによって飯舘村の人たちも被曝していると確信したが、なす術《すべ》はなかった。

このことについては、3月17日に枝野幸男官房長官（当時）がSPEEDI（緊急時迅速放射能影響予測ネットワークシステム）の観測結果を公表しないよう指示を出していたと言われている。

「あいつらなら、やってくれる」――

空挺団に対してはそんな期待があるとはいえ、かつての義烈空挺隊のようなことが現実のことになりかけていた。まして、政治の無為無策によって彼らの生命を危険に

2011年３月16日、福島第１原発の放水任務に向かう第１ヘリコプター団（防衛省統合幕僚監部ＨＰより）

原発への放水（陸上自衛隊ＨＰより）

晒すようなことになっていたらと思うと、憤懣《ふんまん》やる方ない。

毎年、習志野駐屯地では大きな夏まつりが行われ、数万人の人々が訪れる。隊員自らがつくる焼きそばなどの屋台には長蛇の列ができ、花火を楽しみにしてきた子供たちで賑《にぎ》わうのだ。

ある年、直前の訓練中に隊員が殉職する事故が続いてしまった。「今年は中止するのだろう」と誰もが思っていたが、予定どおりに開催された。当然、取りやめる選択肢も検討されたはずだ。あえて実施されたことに驚いた関係者も少なくなかったが、それは遺族の願いだったのだという。

「ずっと夏まつりに向けて、一所懸命に準備をしていましたので……」

夫を偲《しの》ぶ若い未亡人のその一言が、空挺団長の背中を押した。夏まつりの当日、夜のグラウンドには子供たちの笑顔が溢《の》れていた。この笑顔のために、自衛官は命を懸けている。涙を呑みこんで支える妻たちがいる。「傘の絆」は、強く繋がっていた。

「今日死んでもいい、そんな悔いのない1日を送るようにと言っています」

喫煙所で何気なく口にしたベテラン隊員の言葉には、重みがあった。たった4秒が生死の分かれ目――そんな究極の男の世界を、垣間見させてもらった気がした。

習志野駐屯地夏まつり（陸上自衛隊ＨＰより）

特殊性がある事務官・技官を減らしていいのか

空挺隊員たちが命を預ける空挺傘の年間整備を行っているのは関東補給処松戸支処の落下傘部であるが、その半数以上が女性技官であることはあまり知られていない。「昭和」を感じさせるミシンで、1つひとつきめ細かく補修作業されたものが空を舞うのだ。製造企業もそうであるが、1人の「空の神兵」に何人もの手が加わっているのである。

空挺傘を取り扱うには少なくとも5年のキャリアが必要だということであり、表には出てこない裏方かもしれないが、この人たちもスペシャルな存在なのだ。
「針仕事をしているだけじゃないんですよ。持久走大会で自衛官よりも速い人がけっこういるんです」

各地の女性技官のなかには、3000メートルを11分台で走る人もいるなど、驚かされる話もある。ミシンは大型の特殊なもので、けっこうな力を使うのだという。そのため、座ったままではできず、立ち仕事となる。

また、落下傘はとても薄くデリケートなため、1ミリでもキズがあれば修理をしなければならない。1ミリのパッチ修理をするには、さらに5年の経験が必要とされ、10年以上のベテランだけが担える作業だ。

ここでは年間に7000点以上の空挺傘を取り扱っているというが、ほとんどの工程が手作業で、細かく、時間がかかることを考えると、気が遠くなるような数だ。何しろ傘を洗って乾かすだけでも3日間かかるという。

そうした技官の数は、ここ数年で著しく減りつづけている。「国家公務員の定員削減」によるものである。

これは東日本大震災で、駐屯地などにいた事務官や技官があまりにも少なかったため、1人で24時間勤務をせざるを得ないような大変な苦労をさせることになったことで問題視されたが、それ以降も、とくに改善される様子はない。

誰もがすぐにできるわけではない落下傘の整備など、自衛隊における事務官・技官の仕事には特殊性があることからも、他の国家公務員削減と同じように扱っていいものなのか、ぜひ再考してもらいたいものだ。

また、こうした補給処では空挺だけではなく、あらゆる隊員の日常をバックアップしている。被服や隊舎のシーツ、カーテン……等々、当たり前のようにある物たちについて、その補修作業も日々行っているのである。

そして国際平和活動などで海外に赴く際は、補給処はてんやわんやになる。政治決定がいつもギリギリなため、徹夜作業になってしまうのだ。

「出国するときに、あっと驚きました」

派遣の是非で国会が紛糾し、ようやく行くことだけが決まったというようなときでも、派遣隊員全員分のネームが入ったものが一揃い、きちんと置いてある。「それにはジンときた」という話をよく聞く。

このことは本当にもっと認知されてしかるべきと思うが、自衛隊の事務官・技官には自衛官と同じようなメンタリティを持ち、同じような仕事ぶりをする人が多い。彼らは制服こそ着ていないが、入隊時には同じように「……事に臨んでは危険を顧みず……」と「服務の宣誓」をしている「自衛隊員」にほかならないのである。

その「自衛隊員」を公務員と同等に減らし、減った穴埋めを制服自衛官が行うというのでは、「自衛官」と「自衛隊員」を区別している意味がなく、国防に大きなダメージを与えるということを、為政者には早く気づいてもらいたい。

友情の証「TOMODACHI OFFICE」

海上自衛隊の技官の、知られざる逸話をご紹介したい。

東日本大震災の米軍による「トモダチ作戦」は、つとに知られるようになったが、表に出ない「トモダチ作戦」も数多くあった。大湊《おおみなと》での出来事だ。

震災発生から6日後、北海道から陸上自衛官などを搭載した米海軍揚陸艦「トーテュガ」が大湊に到着することになったため、受け入れで総監部は大わらわとなった。

そして極寒の朝、上陸用舟艇により車両などの陸揚げが始められた。

誘導するのは米海兵隊員である。しかし、よく見ると今にも凍えそうな様子なのがわかる。

聞けば、緊急命令が出て福岡から飛行機で北海道に飛び、同艦に乗ってきたのだという。防寒着など準備する間《ま》もなかったのだ。

「このままじゃ、危ないなあ」

気づいたのは造修補給所の技官たちだった。一刻も早く揚陸作業をしたい、自衛官たちも早く現場に赴きたい気持ちでいっぱいだったが、初めての場所に初めての者を上陸させるのは容易なことではない。

時間との闘いで、総監部では思い切った決断を迫られる場面もあるなか、旧鎮守府時代の遺産を駆使するなど、知恵を絞りながらの作業が進められていた。

補給所の技官は、ずっと立ちっぱなしの海兵隊員に氷点下用の手袋と缶コーヒーを差し入れた。お互いに言葉はまったくわからないが、彼が喜んでくれていることだけは確かだった。

2011年3月16日、被災地へ転送するため、アメリカ海軍のドック型揚陸艦「トーテュガ」に積載される陸上自衛隊の車両

しかし、大湊特有の寒風がどんどん激しさを増していく。

「何とか、風をよけられないだろうか」

技官たちは思い立ち、鋼管やシートを使っての突貫工事が始まった。

1時間ほど経つと、そこには簡易小屋ができあがっていた。中には、iPhoneを通信手段にしていた彼のために、充電用の電源と石油ストーブも確保した。

「×××‼」

何やら必死に感謝の言葉を言おうとしているが、所員にはチンプンカンプンだ。やがて、彼はガムテープに何かを書いて貼りつけて見せた。

「TOMODACHI OFFICE」

凍りつくような寒さのなかで、互いに

熱いものがこみ上げた。長時間にわたる作業で、陸・海自衛官、技官、米海軍と海兵隊の心は1つになっていた。

揚陸作業が終了したのは午前1時。母艦に戻っていく彼は、いつまでも手を振りつづけていたという。

こうした話を受けて、自衛隊の組織の強みとは何か、それを維持するためにどうすればいいのか、改めて考えさせられるのである。

報じられない米兵ボランティア活動

米軍というと、日本で報じられるのは基地やオスプレイの話ばかりで、いい話は取り上げられない。「知らなかった」といえばそうかもしれないが、知ろうとしているとも思えない。

2015（平成27）年、栃木や茨城などを襲った関東・東北豪雨では米軍横田基地に所属する第374施設中隊の隊員や職員60人が、9月13〜15日の3日間にわたり、栃木県鹿沼市で豪雨被害の復興支援をボランティアで行っていた。実際、この事実は地方ニュースなどでは伝えられていた。

それらによれば、同部隊の隊員のほうから鹿沼市社会福祉協議会ボランティアセンターに支援の申し出があったという。幼少時に鹿沼市で暮らしていた日系人が所属していて、被災の状況を大変心配していたとのことだった。

それにしても、60人も集まるとは思いがけないことだっただろう。施設部隊ということで重機も使えるため、まだ手が付けられていなかった土砂崩れ現場での作業を依頼することになった。

米軍の隊員たちは休暇を使い、横田基地から鹿沼市まで自家用車を走らせてきた。現場に入った彼らは、まず倒木を細かく切って運搬できるようにし、水田などに流れ込んだ土砂を掻《か》き出した。夜は学校の体育館に寝袋を持ち込んで寝泊まりしたという。

そして最後の日、彼らは小学校に招待され、校長から感謝のメッセージが贈られた。

「何とお礼を言っていいのかわかりません。私たちにできることは、皆さんが見せてくださった奉仕の精神を、子供たちに教えることです」

そして、別れ際《ぎわ》に児童が近づいてきて、こんなことを言ったという。

「同じような災害が起きたら、私も、誰かを助けに行きたいです！」

泥を掻き出しただけではなく、他人のために汗を流すことの尊さを、彼らは子供たちに教えたのだ。

泥と汗にまみれた「休暇」を終え、地元の人々からお土産《みやげ》に渡された果物や野菜を手に、彼らは再び軍務に戻っていった。

「できることなら、完全に復興するまで支援を続けたかった……」

彼らに許されていた時間は３日間。感謝されて帰ることよりも、もっと助けたかったという悔しさを滲《にじ》ませた。それが偽りない彼らの心根だ。

米兵にとってボランティア活動は、日頃から自然なかたちで行われている。災害時に限らず、基地周辺でのゴミ拾いや英語教室などだ。

沖縄では、貧しい子供たちの施設で海兵隊員は毎日、食事を提供しているというが、ほとんど報じられていない。

東日本大震災のときも、多くの在日米軍人やその妻たちが被災地に赴いた。そして、そのときだけではなく、すでに米国に帰還したが、今なお被災地に足を運んでいる人たちもいるという。

とにかく日本さえ無事ならいいという考え方が、最近、目に余る。「集団的自衛権ではなく個別的自衛権で解釈すればいい」などという安全保障論議が、他者のために流す汗の重みと比べれば、いかに陳腐《ちんぷ》なものか。私は、恥ずかしい思いでいっぱいになる。

日米関係を縁の下で支える夫人同士の交流

「トモダチ作戦」で多大な力を貸してくれた米軍であるが、あのとき、在日米軍の夫人たちがどんなことをしてくれたか、知る日本人は少ない。

在日米軍の妻たちは異国の地で大地震というショッキングな経験をしたわけだが、発災してすぐに、まず司令官夫人が部下たちの家族を訪ね、心のケアに努めた。そして、間《ま》もなく、多くの夫人がボランティア活動をスタートさせたという。

ありったけの洋服や手づくりのお菓子をバックパックに詰めたり、また、中古の自転車を集めたりして、夫が休みの日に一緒にトラックを借りて被災地に持っていった夫婦もいたという。

こうしたことを受け、当時、ある海上自衛隊高官夫人がお礼の電話をかけた。

すると、司令官夫人は受話器の向こうで声を詰まらせた。

「私たちを、認めてくれて、ありがとう……」

それは偽らざる思いだった。

在日米軍に対する日本国内の心ない言動に、傷ついていない米軍関係者はいない。

それでも気丈に振る舞っていたのは、日米同盟の下での使命感と、部下とその夫人を取りまとめる責任感からなのだろう。

自衛隊と米軍とでは普段から夫人同士の交流もあったが、そうした本音を口にするようなことはこれまでなかった。

「こちらこそ、ありがとう……」

互いに涙で言葉にならなかった。

政治家の外交力がよく取り沙汰されることがあるが、米軍と自衛隊によって築かれてきた信頼関係が、それを縁の下で支えている。それもまた日本ではあまり知られていない。

家族に「ただいま」も言わぬうちの災害派遣

2014（平成26）年9月27日、長野県と岐阜県の境にある御嶽山《おんたけさん》が噴火し、多くの登山者が被災した。テレビ画面に救難ヘリUH−60JAが山肌すれすれに飛行し、人命救助を試みる光景が映し出されたことを思い出す方も多いだろう。

気圧も気候も不安定な標高3000メートルの山頂の低空をホバリングしながらの救助活動、しかも火山灰が舞い上がる中である。まさに命懸け以外の何物でもない。

しかしその後、複数の人に「自衛隊はなぜもっと早く残された人たちを助けないのか」と問われ初めて、これが決死の救助であったことがあまり知られていないとわかった。「自衛隊の人は淡々と説明するので、大変なことだと思わなかった」と多くの人は言う。

そもそも陸・海・空自衛隊は、警察・消防が悪天候などで出動を断念せざるを得ないときの最後の切り札として、山岳地帯あるいは海で、高度な技術を駆使し、人命救助を行ってきている。このような高リスクな任務を行えるのは、日頃からもっと厳しい訓練を行っているということにほかならない。

こうした極限場面を目の当たりにしても、「当たり前」だと思われてしまうのは非常に残念だが、訓練を積み重ねることの尊さ、様々な想定を配慮した装備、これらの裏づけに確信を持てるからこそ、指揮官も現場も、思い切った状況判断ができるのではないだろうか。

またヘリの活動だけでなく、御嶽山での捜索活動では、一部の識者から非常に残念な発言もあった。

「なぜ装甲車を出す必要があるのか」

「雨や有毒ガスくらいで活動を中止するようでは駄目だ」

といったものであったが、こうした疑問や見解を持つ人は実際、もっといるのではないだろうか。

そして、その後の報道から、現場がかなり困難な状況であるという実情を知り、初めて見方を変えた人も少なくないかもしれない。

山中で捜索にあたっている自衛隊・警察・消防などの人たちのなかには凍傷になったり、高山病で離脱を余儀なくされたりする隊員が相次いだ。また、有害なガスなどを吸い込む危険と隣り合わせの災害派遣は、何年、何十年か経ってから病が発症するケースもある。

2014年９月28日、御嶽山頂上でホイストにより救助を行う自衛官と消防隊員（防衛省統合幕僚監部ＨＰより）

行方不明者全員の発見がならぬまま救助隊が全面撤収となれば、世論の反発が予想され、とうてい引くことはできないだろう。しかし翻《ひるがえ》って、そういう世論が、無意識に救助隊を追い込んでしまう側面もある。

ところで、このときに出動した装甲車は89式装甲戦闘車（FV）といって、三菱重工業が開発して1989（平成元）年に制式採用された、わが国初の「歩兵戦闘車」である。装軌《そうき》ということでテレビ画面を観て「戦車を持っていたのか！」と驚いた人もいたようだが、乗っていたのは機甲科の戦車乗りではなく、普通科の隊員だ。

「噴石が次々に体を叩きつけてくる状態なんです」

噴火直後の状況を聞くと、防弾鋼板で防御力が高いFVのような装備が有用で、いざというときに退避する拠点としても必要であったことがわかる。

といっても、同車両が配備されているのは主に北海道の陸上自衛隊・第7師団第11普通科連隊であるため、今回の4両は富士教導隊からの出動となったようだ。

10名ほどが乗れるFVは、そもそもは兵員輸送を担うもので、機関砲などの火器も備える。普通科の隊員を敵弾から防護しながら、敵戦車の攻撃に遭った場合でも撃破が可能だ。

このような火力、防護力、機動力を持つ装備を自衛隊のニーズに応じて製造できるのは、わが国が国産戦車を製造しつづけてきた、そのノウハウがあるからにほかなら

2014年9月28日、御嶽山大滝口に到着した富士教導隊の89式装甲戦闘車

2014年10月7日、御嶽山一ノ池付近の捜索（以上、防衛省統合幕僚監部HPより）

ないだろう。無関係に見えることも、実は繋がっているのである。

御獄山の捜索活動は9月27日の発災から10月半ばまで行われたが、その様子は、「大変だった」などという言葉ではとても言い尽くせないものだった。

泥田に足をすくわれ、まともに歩けないなか、山を登りつづけた。火山性ガスを探知する警報機がひっきりなしに鳴り響くなかでの作業。防弾チョッキやヘルメットを身につけており、かなりの重装備である。

後で聞いた話では、派遣された松本の第13普通科連隊は、米国での訓練を終えて帰隊した、そのときに噴火が起こったということだった。家族に「ただいま」も言わぬうちの災害派遣だったのだろう。陸上自衛隊が日頃行っている訓練が、こうした辛い条件下での任務遂行を可能にしているのだ。

ここで、雲仙《うんぜん》・普賢岳《ふげんだけ》噴火災害派遣の撤収時の、当時の長崎県知事の挨拶を紹介したい。

「『生命は地球よりも重い』と言われるこの現代の風潮のなかで、その地球より重い命よりも、もっと重い使命感があったということをまざまざと見て、熱いものがこみあげてまいりました。自衛隊はいざというとき、死を賭《と》してくれるものだということを、市民はしっかりと見届けたのであります。自衛隊の真骨頂を見る思いでした

「……」

「『自衛隊がいてよかった』と思われるときは、災害時などで人々が不幸に遭ったときだ。だから、そのように思われないほうがいい存在なのだ」と言われつづけてきた自衛隊であるが、私はもはや、今は次の時代に入っていると考えている。自衛隊は「いてよかった」と常に言われていい存在だ。

「必ず、すべての人を助け出します!」

御嶽山の噴火から約1年後の2015(平成27)年9月10日、茨城や栃木を大雨が襲った。気象庁は10日の深夜から午前にかけて、栃木、茨城と立てつづけに大雨特別警報を発令した。

茨城県知事からの災害派遣要請を陸上自衛隊・施設学校(勝田駐屯地)が受け、陸・海・空自衛隊のヘリ部隊や救難隊が各地から集結し、救助活動を開始した。

決壊した鬼怒川の濁流が民家に押し寄せ、逃げ遅れた人々が自衛隊ヘリにより救出される姿がテレビで中継された。

とくに、2階に取り残された人が救出された直後にその家屋が流された間一髪の瞬間には日本中が釘づけになり、このときには電信柱に抱きついて救助を待つ男性もいたが、「家屋の人を先に助けた判断力がすごい」と話題になった。

犬や猫の安否も気がかりであったが、ペットの救助も躊躇なく行われ、飼い主とともに吊り上げられる光景もあった。

これらのすべては臨機応変な判断と評価されるものであるが、自衛隊がこれまで多くの災害派遣で得た教訓に基づき、多様な想定を念頭に準備し、練成してきた成果だった。

自衛隊では御獄山の噴火のみならず、各地で警戒レベルが上がっていた火山があったため、近傍の陸上自衛隊を中心に待機を続けていた。

自衛隊は、世間が夏休みや連休だというときも、いつ災害派遣要請があっても、すぐに行動できるよう準備をしているのである。

常総《じょうそう》市ではヘリが果敢な救出劇を見せて話題になったが、そうした救難ヘリの他にも、即座に県をまたいで近くまで進出し、命令待ちをしていた部隊もあった。実際に活動に至らなければ画面には出てこないが、こうした人たちも含め、常に国民を助け、守るための努力をしている。自衛隊は常に「準備する」組織なのだ。

「日頃の厳しい訓練に耐えてきたのは、今日のためだ！」

災害派遣に送り出す指揮官がそのように言うと、隊員たちの眼は輝くという。

2015年9月10日、関東・東北豪雨にかかわる災害。激流に流されそうな家屋から被災者をスリング救助

2015年9月15日、関東・東北豪雨にかかわる災害の捜索活動(以上、防衛省統合幕僚監部HPより)

「必ず、すべての人を助け出します！」

その気概に満ちて出発する。

「もう大丈夫ですよと、まず声をかけてくれました」

救出された人がインタビューで、自衛官に励まされた様子を話していた。飼い犬と屋根に避難していた人は犬と一緒に救助してもらってもいいのか躊躇したようであったが、自衛官は「ご家族ですね」と声をかけて、不安そうな犬と飼い主を共に抱き、ヘリが引き上げた。

画面で見る自衛官たちは声もなく機械的に動いているようだが、被災者には温かい人間の姿が記憶に残ったようだ。

ヘリによる劇的な救出劇の後も行方不明者捜索の活動は続けられ、むしろそちらのほうが隊員にとっては辛いものだったかもしれない。

これはヘリでの救出に比べると地味な作業で、ボートやあるいは自ら泥水に腰まで浸かり、ひたすら捜すというもの。昼食はとらない部隊が多い。それは冷たい泥水の中での作業のため、トイレに行きたくなるからだという。

それに、休憩しているところをマスメディアに撮られれば「自衛隊がサボっている」などと言われかねないのだ。

いかなるハードな条件下でも活動できる

ところが、これだけ献身的に活動しているにもかかわらず、自治体側が彼らをうまく使い切れない印象もあった。

知人が現場に入り、地元自治体関係者に「自衛隊はどこにいるのか」と尋ねたところ、「役場の2階にいるみたいですよ」と返答され、まるで他人事《ひとごと》のようであったと語ってくれた。

この言葉が象徴するわけではないだろうが、ここでは自衛隊が長時間やることがなく待機しつづけなければならないなど、せっかく増援しても活かせていない場面もあったようだった。

その一方で、行方不明者全員の無事が確認されたにもかかわらず発表されないといった珍騒動もあり、「行方不明者を絶対に捜し出そう！」という隊員の懸命さを思うと、残念なことであった。

自衛隊は9月15日に行方不明者がすでにいないことが判明した後も捜索を続けなくてはならず、撤収は19日だった。最後まで士気を保ち整斉《せいせい》と任務をこなしたことに、敬意を表したい。

実は自衛隊は今日も、口永良部島《くちのえらぶじま》、阿蘇山、桜島、箱根大涌谷《おおわくだに》などで警戒レベルが上がれば、いつでも出動できる準備をしている。

日本列島には110個以上もの「いつ爆発してもおかしくない活火山」があり、さらに地震、そして台風……と、懸案がいくらでもあるのだ。そのため、夏休みも連休も必ず誰かが待機をしているのである。

被災地での出来事で驚いたのは、このとき、安保法反対派が「自衛隊は災害派遣専門に」などとビラ配りをしていたということだった。

自衛隊はあくまでも国防のための戦闘組織であることを肝に銘じなければならない。すべて、災害派遣以上に厳しい想定での訓練を行っているからこそなせる業《わざ》であることは、言うまでもない。

今回も遠くから長時間かけて現地に駆けつけた部隊もあったが、自衛官には、撤収し遠路を疲労困憊《こんぱい》して戻っても、休む間《ま》もなく翌日からの訓練や教育などが待っている。それらの計画の実行は自衛隊にとっての本分であり、怠《おこた》るわけにいかないのだ。御獄山の噴火のときも、米国での訓練を終え、帰国したそのときに起きたことを忘れてはならない。

このように、いかなるハードな条件下でも活動できるのが自衛隊であり、またそのキツい活動後も、速やかに平素の任務に戻り、それがさらに厳しい訓練であっても厭《いと》わない。これが自衛隊の「強さ」であり、真の実力だ。

それにしても、阪神・淡路大震災では「反自衛隊」思想も強く、災害派遣要請が遅れたことで犠牲者を増やす結果になったが、最近はすっかり自衛隊の災害派遣に対する抵抗がなくなったようで、鳥インフルエンザ、雪かき、新潟では火災現場にまで赴いていた。

自衛隊の災害派遣は本来、3要件（緊急性・公共性・非代替性）が前提であることなども、多くの国民に改めて知ってもらいたいと思う。そんなことはないとは思うが、「念のため来てほしい」ということがあってはならないのだ。

「熊本へ……前進する！」

4月中旬の週末といえば、全国の自衛隊で観桜会や記念行事が行われる。パレードや子供向けのアトラクションなどの準備のため、徹夜作業を続ける隊員も少なくない。

熊本や大分を立てつづけに襲った2016（平成28）年4月14日の「熊本地震」は、そんなときに発生した。

「まことに申し訳ありません！」

自衛隊から来賓や招待者に1件1件連絡し、中止を告げた。指揮官も自ら電話をかけ、頭を下げた。

記念行事は自衛隊の基地や駐屯地を一般の人に知ってもらい、隊員が家族に職場を見せることができる数少ない機会だ。単身赴任だと、遠方から飛行機や宿をとって家族が訪れる。

それだけに「中止」の決定は影響が大きい。祝賀会の食事なども、当日にキャンセルすることになるからだ。

「大丈夫ですよ……それより、頑張って！」

地元の商店などにとっては大きな痛手のはずだが、みんなそう言って送り出してくれる。

自衛隊近傍のお店は、宴会を始めようとしたら急な招集があり、その場で中止、などということもよくあるが、「またみんなで飲みに来てくれればいいから」と言って送り出してくれるといった話をよく聞く。

しかし、自衛隊側も「自然災害だから仕方ない」という感覚で好意に甘えるだけでいいのかどうか。

昨今は何もかも業者を入札で決定する時代でドライにやっているのに、いざとなれば温情に甘え……どこかおかしくはないか。気にかかるところだ。

ともあれ、地元の人々がそんなふうに言ってくれるのは、日頃から自衛隊を深く理解してくれているからに他ならない。駐屯地司令として詫びる最後の電話を置くと、その顔はすでに指揮官に変わっていた。

「熊本へ……前進する！」

「日頃の辛く厳しい訓練の成果を発揮せよ」との言葉に、隊員たちもそれまでとは違う表情になる。何日間、いや何週間になるか見当がつかない。積めるだけの器材を車両に詰め込み、中止を知らずに来るかもしれない一般来場者へのケアを言い残して、数時間後には出発した。

泊まり込みで行事の準備をしていたため家に帰っていない者もいたが、「行ってくる」とひと言電話して、あとは瞬時のあいだに煙草を買いに走るくらいだ。

4月16日の午後には、群馬、長野、新潟、静岡といった東部方面隊、そして中部方面隊隷下の部隊、また多くの東北の部隊も「5年前の恩返しだ」と、それぞれの駐屯地を後にした。東日本大震災では、九州から多くの部隊が同じように陸路で東北入りしたのだった。

到着予定は、だいたい翌日以降になる。夜遅くに着き、そのまま寝ずに活動開始だ。

なかには偵察用のバイクに乗る自衛官もいて、数百〜1000キロのバイク移動など気が遠くなるが、逆に、当日のうちに九州に入った人たちは、バイクも含め、あの大荒れの天気のなかで深夜の走行をすることになった。

道路が寸断されているため、大きく迂回する道のり、いつ崖崩れが起きてもおかしくない嵐の中だった。しかもナビゲーションがあるわけでなし、また、生まれて初めて九州に来た隊員もいた。

地図を頼りに暗闇を進むため、道に迷い、近傍の駐屯地を見つけて入っていく光景もあった。

しかし、たとえ午前3時であろうが同胞を迎え、地図を開いて、休憩所を提供してくれる、航空自衛隊の基地でも給油をしてくれるなど、陸・海・空自衛隊が隈《くま》なくあることのありがたさを改めて実感することになった。

「ここから、さらに迂回しないと進めません」

駆け込んだ駐屯地で、先遣隊全員の目が地図をにらむ。すでに午前3時になろうとしている。さんざん回り道を繰り返し、やっと目的地に近づいたところだったのに……。

「少し休んでください」

自分たちも被災して寝ていないだろうに、毛布を提供してくれる。そんなところが自衛隊にはある。

自衛隊には全国どこの部隊に行っても九州出身者はいるもので、とくに地元を知る者は、ここまで道路が寸断されている現実に、被害の大きさを思い知ることになった。

国防の「隙」ができぬよう警戒を続行

こうして自衛隊は全国から参集し、4月17日未明から逐次、現地に入った。JTF（統合任務部隊）が編成され、2万5000人の派遣が決定。そして1000人がさらに追加投入された。

派遣数を決めるのは難しい。行けば、その分の補給も必要になる。2万人いて3食きっちり食べれば、1日に6万食の糧食を用意しなければならないのである。数百台単位の車両を止める、天幕を張って部隊を展開する、といった広いスペースもそれだけ必要となる。

被災状況が見えない時点でニーズに対して適した人員を見積もるのは困難だが、だからといって多めに出しておけばいいというわけではない。

それだけ組織を消耗させることになる側面もあり、また災害派遣の車両が道に溢れる事態にもなりかねない。そんなことにも気を配らねばならないのである。

実際、地震が起きると対領空侵犯措置《そち》も増え、尖閣諸島周辺の中国船の動きも止まらない。熊本の自衛隊はまさに離島防衛の最前線であり、そのための日米訓練などに日々専念してきたところだ。

そこに襲った自然災害。九州の防衛力がダメージを受けたことで国防の「隙」ができぬよう、こちらも警戒を続けなくてはならない。

また、今回の派遣が全国の部隊の練成に及ぼす影響を最小限にすることも大事だ。自衛隊が災害派遣で消耗して、弱くなってはならないのである。

それゆえ、いずれの部隊もこの派遣が終わって遠路を帰隊しても、ゆっくり休息できるわけではない。

まず、被災地が落ち着きを取り戻して撤収することが決まったら、それぞれの部隊が拠点としていた場所を片づけ、きれいに整備する。それは「来る前より、きれいになった！」と自治体関係者が驚くほどの徹底ぶりだ。

そして、また来た道を何日もかけて延々と走り、戻ったら、隊員たちはすぐに車両や天幕の後始末や整備に取りかかる。これに1~2日は、ゆうにかかる。

指揮官や幕僚には、この災害派遣中も、警戒態勢が続いていた北朝鮮によるミサイ

熊本の災害派遣で車両を展開する部隊（撮影・著者）

ル防衛他のあらゆる事案が待っていて、いきなり会議に次ぐ会議という状況になることが想像に難くない。

つまり、家に帰って倒れるように眠りたいところを我慢し、部隊は中断した教育・訓練を取り戻すために、かえって忙しくなる。疲れた体に鞭打っても、今度は「ありがとう」と誰も言ってくれないのだから、それからが、むしろ気持ちのうえでも大変だ。

災害派遣などが本来の任務に影響しないように取り戻す、この文字どおりの「戦力回復」こそが自衛隊の災害派遣における重要な課題と言ってもいいだろう。

「隊員さんの優しい笑顔に励まされました」

色々な宿題はあるものの、余震の続くなかで、被災者にとっては戦闘服姿の自衛官がそこにいてくれることが、どんなに心強いかは計り知れない。自衛隊は作業そのものだけでなく、心の拠り所にもなっていることがわかる。

また私は、比較的被害が少なく、テレビなどではまったく映らない自衛隊の展開場所を訪れた。そうした地域での支援活動は地味でテレビにも映らないが、そこでもみんなが「被災者のために！」というスローガンを掲げ、同じように活動していることに変わりはない。

入浴所を、いつでも入れるように午後からオープンさせる。とはいえ、夜になるまではほとんど人は来ない。それでもお風呂の温度調節を常に気遣い、利用者をひたすら待つ若い自衛官の姿を見ると、「目立たなくても愚直《ぐちょく》に！」という陸上自衛隊の本領を見た気がした。

骨太の活動の根底にある「優しさ」

ところで、「自衛隊は災害派遣で何を食べているの？」という疑問が被災者から出ることがあるようだ。自衛官たちは簡素な携帯糧食を食べているが、人前で食べる姿を見せないためやトイレに行くのを避けるため、昼食はとらないことも多い。

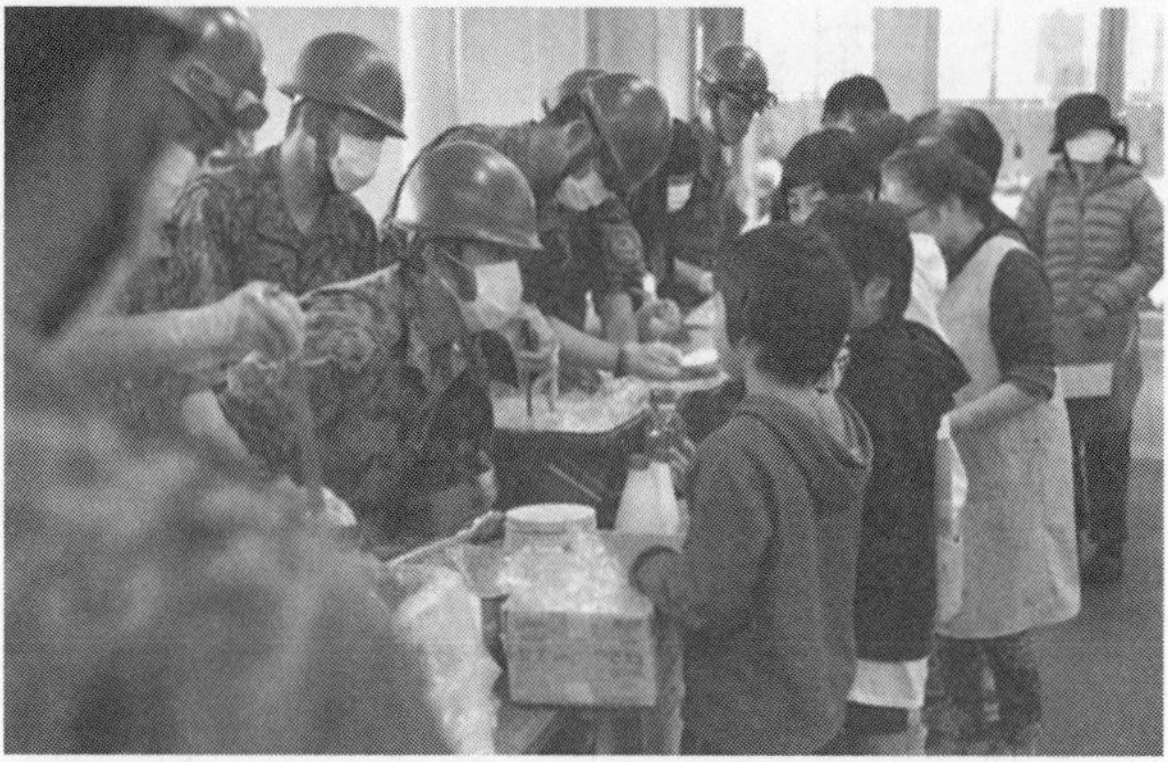

2016年4月14日～5月30日、熊本地震災害派遣(陸上自衛隊HPより)

2016年4月、熊本地震で第2後方支援連隊が提供した「旭川大雪の湯」(撮影・著者)

野菜がなく、東日本大震災ではヘルペスや口内炎などが続発した。被災者にお風呂を提供しても自分たちは入らず、夜も戦闘服を着たまま寝る。東日本大震災では派遣中や直後に亡くなった隊員が数名いたが、こうした過酷な環境や栄養障害と無縁ではなさそうだ。

しかし、このようなことが決していいわけではない。北朝鮮はSLBM（潜水艦発射弾道ミサイル）を発射したとされ、複合事態の発生なども考えれば、組織のベスト・コンディションを維持する思想があっていいはずだが、自衛隊にはかつて、いや今でも「もっとしっかりやれ！」などと心ないことを言う人がいるために、無理をしてしまうのである。

「うまそうだなあ……」

避難所に食べ物が届き始めると、食べきれなかった果物や賞味期限切れのパンなどが大量に捨てられる。みんなで食べられたらどんなに盛り上がるだろうと思いながらも、これを横目に、黙々と作業を続けている。「ぜひ受け取って」と言われても断らなくてはならず、かえって失礼になってしまうため、複雑な心境だ。

手荷物の中に入れてきたインスタント・ラーメンにスープの粉末をかけて袋の中で砕いて食べるのが（口の中でラーメンになる！）密かな楽しみらしい。

自衛隊は、被災地で、避難所に行かず自宅にいる高齢者などのための戸別訪問、いわゆる「御用聞き」も行っている。崖崩れの心配があっても身体が不自由で動けない人もいて、そうしたところにも目を遣《や》ること、また自治体への様々な提案なども、自衛隊ならではの働きだ。しかしここでも、やはり自衛隊がもどかしい思いをすることが多い。

「これを片づけてもらえればありがたいが……」

頼まれることは多いが、自衛隊が支援できるのは自治体からの要請があったことだけが原則であり、そもそも災害派遣には、緊急性・公共性・非代替性の3要件がある。発生直後なら緊急性があるが、落ち着いてからの個人の要望には応えられるのか――など法律と照らして、悩むことになるのだ。

ただ、目の前のお年寄りが困っているのに手を差し伸べないということはできず、おばあちゃんと一緒にカートを押してあげたり、老夫婦と瓦礫《がれき》を運んだりする様子をよく見る。そんなときに、ある隊員は巡回中の上司と行き会ってしまった。

「すみませんでした……」

指揮官はしばらく隊員を見つめて、答えた。

「俺は何も見ておらんぞ……、全力であたれ！」

厳格な規則順守、しかし骨太の彼らの活動の根底にあるのは、やはり「優しさ」なのだ。

女性自衛官たちの頼もしい活躍ぶり

熊本地震には北海道からも4100人の自衛官が派遣された。第5旅団や自衛隊唯一の機甲師団である第7師団などからも部隊が編成され、それぞれが数百両の車両とともに津軽・関門の両海峡を渡ったのである。

旭川の第2師団からは1150人が現地に入ることになった。4月18日に旭川を出発しているが、これだけの規模になると総員が一緒に移動することはできず、分散して民間フェリーの定期便を乗り継ぐなどの手段で、多くが20日に、拠点となる大分の演習場に入った。

しかし悪天候のため、到着が大幅に遅れた部隊もある。なかでも第2後方支援連隊輸送隊はフェリーで苫小牧《とまこまい》～新潟、そこから兵庫まで陸路、またそこから八代《やつしろ》までフェリーで進出したが、荒天で、現地に入れたのは22日だった。大荒れの船上で船酔いもものともしない輸送隊長は、大崎香織2等陸佐。約300人と車両約80台を率いての進軍だ。

大崎２佐は防衛大学校の女子４期生。高３のときに、自衛隊によるＰＫＯや災害派遣の報道を見て、「社会のために貢献できる！」と自衛官を志した。陸上自衛隊の輸送職種の道を歩み、東ティモールＰＫＯも経験した。

一方で、神戸大学大学院で国際法を学び、法務官としての経歴も持つという、「女性の活躍」などと言われる遥か前から実績を積み上げてきた幹部自衛官だ。自衛隊で

熊本地震で陸上自衛隊第２後方支援連隊輸送隊隊長を務めた大崎香織２等陸佐

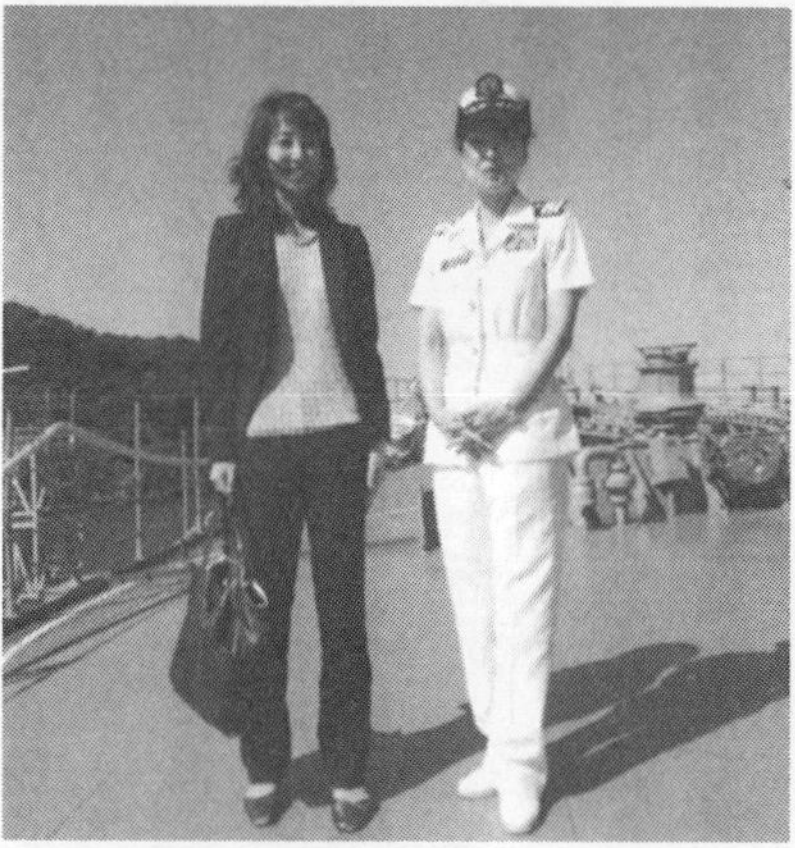
海上自衛隊初の護衛艦女性艦長大谷三穂２等海佐と著者（以上、撮影・著者）

は、こうした女性自衛官が「さりげなく」各所で活躍していて、決して浮き足立たずに存在していることが頼もしい。

また、大崎隊長の直属の上司にあたる後方支援連隊の連隊長（当時）である鶴村和道1等陸佐は、熊本出身だった。しかし周囲の多くの人は、そのことを知らなかったようだ。前任地が西部方面総監部であったこともあり、第2師団長から全面の信頼を得て派遣指揮官として故郷に入った。

「大した被害はありません」と言うが、その頃、実家では1人暮らしの父が「車中泊」の日々を過ごしていた。だが派遣を知らせてから、メールが来なくなった。

「父は元自衛官なので、自分で何でもできますから……」

自らの経験から、派遣活動中の息子に心配をかけない心遣いなのだろう。家族が避難所にいる隊員は他にも少なからずいたが、活動に専念できるのは、こんなときには一緒にいられないという心構えが、普段から家族にあるからだ。

家族の声は表に出てこないが、自衛隊SNSへの投稿に、次のような内容のコメントを見つけた。

「知人の陸上自衛官は、地震が起きて以来、2日間しかうちに帰ってきていません。聞けば、15日もお風呂に入ってないといいます。他の隊員さんたちも同じように苦労しているのだと思うと、本当に大変な仕事だと思います。息子の端午《たんご》の節句《せっく》の両家の集まりには欠席なのでしょう」

「知人」としているが、これはご家族の声なのではないかと直感した。いつ終わるのかわからないなかで、どこかに訴えたかったのではないか、と。

「自衛隊を災害派遣専門に」のナンセンス

東日本大震災でも、1週間以上も家族と連絡がとれないなか、夫たちは行方不明者の捜索に出ていた。家族の安否がわからない不安を隠しながら、黙々と活動したのだ。屋上に避難した子供が自衛隊のヘリを見て「パパは、あの中にいるの？」と聞いていたとか、何日も経ってから夫がほんの数分だけ戻ってきて、カップラーメンをつくってあげたら疲労のために箸を持つことすらできなかったとか、そんな話を妻たちは淡々と語るのである。

夫婦ともに自衛官というケースも多い。最近、災害派遣では入浴支援や「御用聞き」でますます女性自衛官の役割が大きくなり、夫に2歳と4歳の子供たちを任せてきたとか、新婚で動員されて夫とまだ暮らしていないという女性自衛官も現地で活動していた。

自衛官候補生戦闘訓練(陸上自衛隊HPより)

しかし、皆、異口同音に「演習ではもっと大変ですから」と言う。何週間も帰れない、トイレもない、お風呂に入れないといった状況、つまり野戦の訓練を普段から経験しているからこその災害派遣活動なのだ。「自衛隊を災害専門にしては?」などという話が、いかにナンセンスであるかがよくわかる。

それにしても彼女たちは、ナゼこんな過酷な職業を選んだのだろうか。

「東北で被災して入浴支援を受けたんです」

「子供のときに手を振ったら振り返してくれたので、それで嬉しくて、決めました!」

彼女たちを奮起させたのは、名もなき自衛官たちだったようだ。過去の自衛官の何気ない振る舞いや心意気、あるいは親の背中を見て、または上官の言動に学び、新たな自衛官が活躍している。

この地での活動もまた、次世代に繋がっていくに違いない。

第4章
日本国民が知らない自衛官の「当たり前」

喇叭《ラッパ》は戦闘の勝敗にも影響を及ぼす武器

自衛隊では1日が喇叭に始まり喇叭で終わる。それだけに喇叭手《しゅ》にとっても正確に吹くことは極めて重要だ。

彼らの訓練の様子も想像以上に厳しい。喇叭を吹くだけでも難しいものなのに、荷物を背負って駆け足しながらの吹奏など、当然のことのようだ。

住宅地が近くにある部隊では練習もままならず、苦労をしているという。喇叭競技会目前の時期など、休日にも練習していると「官舎に住む自衛官からも苦情が来るんですよ」と関係者は嘆く。

喇叭手と言えば、かつて日本人ならば誰もが知っていた名前が「木口小平《きぐちこへい》」だろう。日清戦争で戦死した日本陸軍の兵士で、「キグチコヘイハテキノタマニアタリマシタガ、シンデモラッパヲクチカラハナシマセンデシタ」と尋常小学校1年生用修身教科書に書かれ、国民的英雄となった。

実は木口小平と同じ日に、同じ岡山県出身でやはり喇叭手であった白神源次郎も戦死したということで、当初は喇叭を離さずに戦死したのは白神源次郎だと思われていたという。

そのため、当初、教科書に載っていたのは木口小平ではなく白神源次郎で、後に木口小平と改められたのだそうだ。

いずれにしてもここからわかるのは、喇叭手は常に前線にいたということだ。敵弾雨あられのごとく降り注ぐなか、片手に喇叭では、喇叭手が戦死する確率が高かったことは想像に難くない。

日露戦争以降は、敵にわざわざ居所を知らせることはないという考え方から、戦場において突撃喇叭を鳴り響かせることはなくなったようだ。腕時計を持つ兵士が増えたことも影響したと聞いたことがある。

旧軍の喇叭教則は、どんなものだったのか。

「喇叭はその吹奏によりて号令命令を伝え士気を鼓舞し、または敬意を表す。ゆえに、その吹奏の成否は直《ただ》ちに軍紀軍容に関するのみならず、戦闘の勝敗にも影響を及ぼすことがあるべきを以《もっ》て、これが吹奏にあたりては単にその厳正・確実・壮快を期するのみならず熱烈なる精神を傾注し以て全軍を感動せしめるの概なかるべからず。

即《すなわ》ち喇叭は単なる楽器ではなく、戦闘の勝敗にも影響を及ぼす武器の一つである」

軍に精通する人で、「たかが喇叭」と思う人はいない。喇叭の練度は、そのまま部隊を象徴しているからだ。

行事等で人々に披露するのは単なるアトラクションではなく、そこの隊員のあらゆる特技（ＭＯＳ）についても同等の実力があることを示唆《しさ》していると言ってよさそうだ。

年々、悪化している「引っ越し貧乏」状態

自衛官の幹部は退官するまでに、日本全国を1～2年ごとのペースで転々とする。その際には異動旅費程度の手当は出るものの、経費の多くが「自腹」であることは、あまり知られていない。

「退官までに20回以上の引っ越しをしました。ボーナスはすべて引っ越し代で消えていましたよ」

自衛隊ＯＢからそんな話をよく聞くが、東日本大震災後の国家公務員給与の削減や消費増税、官舎の値上げ、僻地《へきち》手当の見直しなどで「引っ越し貧乏」状態は、年々、悪化していると言っていい。

ちなみに消費税が８％に上がる直前の異動に当たった人はまことに気の毒で、駆け込み需要で業者の見積もりが跳ね上がり、30万円ほども自己負担を余儀なくされた人もいたようだ。

自衛官の勤務先は必ずしも便が良い所ではない。むしろ僻地こそ日本の国防最前線となる。車で延々と走ってもコンビニすら見当たらないような土地で、自衛官は黙々と任務に就いている。

そうした地域に配置となった自衛官の家族は大変だ。近くに学校がないなどの理由から単身赴任になるケースが多く、「結婚以来、一緒に暮らしたことがない」という夫婦を私は何組も知っている。

防衛省のＨＰには「人事発令」の欄があるが、辞令を受ける本人や家族も、赴任先が明確になるのは直前で、準備は数日間しかできない。それでも速やかに引っ越しを済ませ、着任するのである。

「家は日本だ！」

負担の多い事情からも、最近は地方勤務を嫌がる自衛官も少なくないようだが、こんなふうに胸を張って言ってくれる人には頭が下がる。一方で、これから先もずっと自衛官たちの心意気や家族の辛抱に甘えていいとは思えないが……。

限られた人員で機動的に防衛力を発揮するためには、そのことで隊員や家族が苦労を背負わないような制度整備をなおざりにしてはならない。そこは我慢をさせて、「自衛隊のメンタルケアだ」「自殺防止の取り組みを進めよ」と言っても意味がないのだ。

陸上自衛隊の幕僚監部が「体力検定」？

当たり前のことだと思われるかもしれないが、自衛官の皆さんは本当によく走り、よく動く。

自衛隊のみならず、米軍基地に行っても、走っている人を見ない日はない。ベビーカーを押しながら駆け足している人もしばしば見かけて、赤ちゃんの乗り心地はどうなんだろうかといつも思ってしまう。

米軍基地内にはだいたい立派なトレーニングジムがあり、朝は、まだ暗いうちからオープンしているので、天候に左右されず、体力練成に事欠くことはない。筋肉ムキムキの人が多いが、ある女性自衛官は「自衛隊にはマシンがないから、運動は駆け足中心になるので痩せる。米軍ではマシンが豊富なので、筋肉質になる」と分析していた。蓋《けだ》し納得。

多くの自衛官は休日を使って自腹で武道を習うなどして鍛えている場合も多く、若い隊員さんが遠方まで交通費をかけて通う姿も珍しくない。

その一方で、日曜日などに市ヶ谷駅に行くと、これから防衛省に行くのであろう幹部の人たちをよく見かけることがある。幕僚監部に勤務している自衛官たちは、家族と過ごす時間もほんのわずかで、また帰れない1週間が始まるのかな……と思うと、ちょっと切ない気持ちになってしまう。

ある年のゴールデンウィーク明け、市ヶ谷の防衛省でかつてないことが実施された。陸上幕僚長をはじめとする陸上自衛隊の幕僚監部などで部長や課長を務める将官や1佐クラスという顔ぶれが、体操着姿で体力検定を受けたのだ。

あえて普通の会社に喩《たと》えてみれば、社長や部長などが勢揃いして運動能力を試されているようなもの。しかし、「不夜城」と言われるほど多忙な防衛省において、そんな発想はこれまでなかったのではないだろうか。

陸幕長自らが体力検定を受けるのは初めてのことでもあり、実施が決まった当初は動揺の声もあったようだが、そのうちに「隣の部長は走り込んでいるらしい。うちも頑張ってもらわなければ」などと部下が言い出し、それを受けるように、それぞれ連休中にかなりのトレーニングを行ったようであった。

検定内容は、腕立て伏せ、腹筋、3000メートル走で、いずれも規定内でクリアできなければ不合格となる。どの国でも同様の試験を行っていて、体力検定に落ちると即座に解雇されてしまう軍も多い。

ちなみに米陸軍では、50歳代男子で腕立て伏せ66回で100点、腹筋66回で100点、そして2マイル（3・22キロ）走は14分42秒で100点となっていて、海兵隊はさらに難易度が高いという。

フランス外人部隊出身の知人に聞いたところ、自身が所属した約5〜6年前は、2800メートルを12分以内に走るという最低条件をパスするのが必須ということであった。やはり、ラクな軍隊などないのである。

はたして、わが方《ほう》はどうだったのか――。始めてみれば、全員が秘めたる実力を発揮し、結果は、約60人の受検者すべてが合格となった。

同期クラスも多いのか、互いに励まし合う声もあり、また、部下による応援は禁じられていたが、それでも陰から思わず声援を送ってしまっている姿もあり、組織の結束の固さを垣間見る一幕だった。

もっとも高得点を獲得した50歳代の部長は、腕立て伏せ70回、腹筋76回、3000メートルは11分52秒ということで、驚くばかりだ。

当初、「ケガ人が出るのでは?」と心配する声もあり、部長や課長級がケガをするような事態になれば大変だという雰囲気もあったが、それが杞憂《きゆう》であったことが明白になった。むしろ、陸上自衛隊の底力が垣間見える結果となった。

その日の夕刻、陸幕長からは次のような訓示があったという。

「われわれの原点は『部隊』であり、われわれの活動はすべて『部隊』のためのものである。今回実施した体力検定も、われわれが部隊に『帰ったとき』に(『行った』ではない)いつでも任務に就けるようにするため、自衛官として平素から維持すべき体力を試したにすぎない」

全国の部隊では、「市ヶ谷では、いったい何をやっているんだ。ちゃんと考えてくれているのか」といった疑問の声もよく聞かれるが、ただひたすら部隊のため、そして国のためという思いで全身全霊であたっている「中央」の心意気を少しでも伝えられれば……そんな気持ちになった。

40年以上も継続してきた「橘祭」の尊さ

8月最後の週末に何があるかといえば、自衛隊ファンは皆、「総合火力演習」と答えるだろう。毎年夏、陸上自衛隊の東富士演習場で実施され、夏休みも大詰めということもあり、この日の静岡県の御殿場《ごてんば》付近は大勢の人でごった返す。

その砲声が鳴り響くなか、すぐ横の陸上自衛隊・板妻《いたづま》駐屯地では毎年この時期、ある式典が行われている。

「遼陽城頭《りようようじようとう》夜は闌《た》けて　有明月の影すごく　霧立ちこむる高粱《こうりよう》の　中なる塹壕《ざんごう》声絶えて　目醒め勝《が》ちなる敵兵の　胆《きも》驚かす秋の風」（鍵谷徳三郎・作詞／安田俊高・作曲）

かつては日本人なら誰もが知っていた歌『橘中佐』であるが、中佐の命日である8月31日に近い週末に、所属した現第34普通科連隊において「橘祭」が執り行われている。

橘《たちばなしゆうた》　周太中佐は歩兵第34連隊大隊長として日露戦争で壮絶な戦死を遂げ、海軍の広瀬武夫中佐とともに「軍神」として名を遺《のこ》した。

板妻は現在も第34普通科連隊、地域の人々が望んだということで、「34」というナンバーが引き継がれた稀有《けう》なケースとなっている。

2016年8月28日、富士総合火力演習（陸上自衛隊HPより）

1904（明治37）年8月31日、橘中佐は遼陽での大激戦に斃れるが、この日は自身が教育係を務めた皇太子殿下（大正天皇）の御誕生日であった。今際《いまわ》の際《きわ》、苦しい息の下でそのことに言及し、戦友たちの安否ばかりを気にかけていたと伝えられている。

「部下が病気になれば家を訪ね、見舞いをしたそうです」

私が訪れた年の「橘祭」では、陸士や陸曹、幹部の代表による橘中佐研究発表も行われ、共通した評価は、こうした人間性の部分だったようだ。

圧倒的劣勢の中においても最後まで諦めず戦い抜いただけでなく、名古屋陸軍地方幼年学校校長や東宮《とうぐう》武官を務めるなど、教育者としての教えも、現在なお心に響く。「矢弾飛び交う下での人間愛、戦友愛、難局における献身的行動」――それを身を以て実践した人物だった。

一方、私が強く感じたのは、40年以上この行事を継続してきたことの尊さである。1回目を執り行った関係者にも敬意を表したい。

折しも70年安保闘争の頃であり、自衛隊は旧軍とは違うといった姿勢のほうがむしろ強かったであろうあの時代に、よほどの熱意によって発意されたのであろう。これからも粛々《しゆくしゆく》と先輩たちが繋げてきた伝統行事を続けてほしいと切に思う。

行事を始めた背景にはヒロイズムの類《たぐい》ではなく、普遍的価値の涵養《かんよう》という意味があったのではないだろうか。つまり、部隊は常にそこにありつづけるだろうが、連隊長をはじめ、その指揮官たちは目まぐるしく交代するものであり、その人となりや世情によって部隊の質が変わるようではいけないということではないか、と。

「伝統墨守《ぼくしゆ》」といえば、海上自衛隊を示す言葉だが、陸上自衛隊も、こうして先人が知恵を使って種を播《ま》いてくれていたのだ。

青井連隊長自らが記した「部隊統率考案」

他方、自衛隊における、ある残念な特徴にも気づくことになった。この行事を始めた連隊長がどんな人物なのかどうしても知りたくなって部隊に尋ねたところ、関係はすっかり途絶えていたようであった。

その人は青井秀《ひいづ》連隊長、陸軍士官学校58期の生粋《きっすい》の軍人だった。調べてもらうと、灯台下暗《とうだいもと》し、たまたま近くの病院に入院していることがわかり、連隊長が「橘祭」を催行《さいこう》した旨の報告と見舞いに、近年の連隊長では初めて青井元連隊長を訪ねることになった。

「えっ？ そうなんですか！」

驚いたのは病院の関係者だった。青井元連隊長は認知症を患っていて、誰も、その人が元連隊長だとは知らなかったのだ。

富士山の近くという場所柄か、そこには、働く人も入院する人も自衛隊OBが多く、実際、青井元連隊長の介護にあたっていた方は、板妻の初代連隊長の伝令をしていたということであった。

「元自衛官だとは聞いていましたが……まさか目の前の人が元連隊長とは！」

興奮気味のやりとりを前に、青井元連隊長はじっと座っている。青井元連隊長から見れば息子、いや孫ほどの連隊長が先鞭をつけた。

「本年も橘際を滞《とどこお》りなく実施いたしましたので、ご報告に上がりました！」

「…………」

写真を見せ、ＣＤプレイヤーを持ち込んで『橘中佐』を流してみたが、言葉はなかった。そのうちに、親御さんの見舞いに来ていた男性が、そこに若い現役連隊長がいることに驚き、また話している相手がかつての連隊長であることに、さらに驚いた様子でやってきた。

「そちら様は青井連隊長なのですか⁉」

青井連隊長時代に現役自衛官だったのだという。

「われわれのことを常に気遣ってくださった方でした……」

陸曹には極めて優しく声をかけるが、幹部にはとにかく厳しかったそうだ。そんな青井連隊長は、どんな人物だったのだろうか。

『板妻駐屯地の歩み』によれば、青井連隊長在任時の１９７３（昭和48）年頃に数々の画期的な試みがなされていることがわかる。

安保闘争賑《にぎ》やかなりし頃に「橘祭」をスタートさせたことはもちろん、連隊長自らが「部隊統率考案」を記し、これをいかに指導に反映させ、実践しているかの試験も行われている。

「家族教育」といった内容の様々な研修も始めている。「明るい部隊作りの一環として、隊員夫人に訓練、野営、日常業務の見学など、各種行事に積極的に参加させ、夫の仕事を認識させ、国防問題をともに考えよう」という青井連隊長の言葉が残されている。実際の野営訓練の最終日に家族を招くことも、実現させたようだ。

記録には次のようにある。

「約60名の夫人たちは、鉄条網構成・迫撃砲分隊訓練を見学の後、部隊食を体験。慰問に訪れた第1音楽隊とラッパ隊の演奏を隊員とともに聴いた」

家族とはいえ、訓練の場に入って実際に夫の仕事を目の当たりにすることは、まず経験できないことだろう。

たしかに考えてみれば、報道公開だけではなく、もっとも理解を深めて、もっとも支えてもらわなくてはならない妻や子には、むしろ見てもらうべきものがあるのかもしれない。

「防衛基盤」とは隊員の心の支えについても言えることであり、装備や設備の充実だけではないのだ。

自衛隊の「過去」と「現在」が交差した日

この年はさらに、「建国記念日行事」や「天皇誕生日祝賀行事」が催行されている。

幕僚たちは、さぞかし目が回ったことだろう。2月11日の行事については、次のように記録されている。

「家族ぐるみで国防を考える趣旨で、駐屯地初の建国記念行事を行った。青井司令は『日本人として、社会国家概念に立脚することが特に重要であり、三千年の昔、我々の祖先が、祖先崇拝四海同胞という大和合の理想をかかげた国家形態は、人類の作りえたもっとも自然であり、最大のものといわねばならない。国家民族の問題について、思いを新たにする意味で、日本の歴史をここに正しく読み通す運動を展開しよう』と訓示した」と。

また、「オレンジ援農」として、人手不足でミカンの収穫に困っている農家の手助けを隊員が自発的に代休を利用して実施している。こうしたことは当時、地域との繋がりから、各地で行われていたと聞く。

近年、自衛隊では、任務にない仕事をする場合は休みを利用している。たとえば、現在も部外の慰霊碑や陸軍墓地の清掃作業などを休日のレクリエーションとして行っているところもあるようだ。

ともあれ、青井連隊長は学生運動などが激しかったあの時代に、富士の麓《ふもと》でこうして粛々と武人を育てていたのだ。

「愛される自衛隊」を標榜し世論に迎合しようとしていた当時の陸上自衛隊ではどのように見られていたか、今となってはわからない。

また、部隊は存外、刹那《せつな》的で、だいぶ過去の連隊長のことなど知る人はあまりおらず、それを知ることに意味は見出さないかもしれない。しかし、私のような変わり者がこうしてその片鱗《へんりん》を書き残すことは、いつか誰かの役に立つと信じたい。

青井元連隊長は、病院の玄関まで車イスを押されて、若い連隊長を見送った。それまでほとんど言葉を発しなかったが、このとき、小さな声で何かを言った。

「ありがとう」

ややうつむいて、そう言った。そして、それはお年寄りが孫や子に言うようなものとはまったく違う、まさに指揮官の口調そのものだった。

当時の自衛官の先輩方に敬礼で見送られ、連隊長は病院を後にした。自衛隊の「過去」と「現在」が交差した、残暑の日の出来事だった。

第5章

「何かが足りない」自衛隊

自衛官の応募が減っている真相

「安全保障法制で自衛隊志願者が激減！」

そんな記事を見かけることがあるが、本当なのだろうか？

実は、自衛官の応募が減っているのは事実である。しかし、その原因を安保法制と決めつけるのは誤りで、実際には様々な要因が絡む。

「アベノミクスの〝効果〟かもしれませんね」

そう分析する防衛関係者もいるように、自衛官募集は景気の動向に大きく影響される。

これまでも自衛官の志願者数は、民間企業の採用状況に左右されてきた。世の中が不況で就職難になると自衛隊の応募者は増え、逆に景気が良くなり民間雇用が増えれば、自衛隊希望者は減るのだ。

現に、2008（平成20）年のリーマン・ショック翌年は、一般幹部候補生の応募者数は前年度比35・6％プラスの6573人という大幅増になった。

その後、経済が回復基調になると有効求人倍率（＝求職者1人あたりの求人数）も右肩上がりとなり、2016（平成28）年平均の有効求人倍率は前年比0・16ポイント上昇の1・36倍で上昇は7年連続となり、1991（平成3）年以来、25年ぶりの高水準を記録した。そうなると、手のひらを返したように志願者数は減る。

減少は急に始まったわけではなく、2011（平成23）年をピークに下り坂なのだ。

あの安保国会が繰り返されていた頃、一部の報道では、「自衛隊の一般曹候補生の2015年度応募者が2万5092人で前年度よりも2割減少し、過去9年間で最少」「一般幹部候補生の応募者数も7334人で昨年度比13・8％減」とあった。さらに防衛大学校卒業者の任官拒否も多いと報じられた。

これらを安保法制の成立と関連づければ、格好のネガティブキャンペーンとなるが、実際には、依然として自衛官の倍率は平均で約7倍と狭き門であり、「徴兵制になる」などということはあり得ないのである。

では、安保法制がまったく関係ないのかといえば、そうとも言い切れない。

昨今では、せっかく高倍率を勝ち抜いて合格をしても、親が反対して断念するケー

自衛官の定員及び現員(2016.3.31 現在)

区　分	陸上自衛隊	海上自衛隊	航空自衛隊	統合幕僚監部等	合　計
定　員	150863	45364	46940	3987	247154
現　員	138610	42052	43027	3650	227339
充足率(%)	91.9	92.7	91.7	91.5	92.0

(出典:『平成28年防衛白書』)

スが増えているというのである。

親の反対理由としては、核家族化で1人息子と長期間会えないのが耐えられないというものや、「安保法制で自衛隊はどうなるのか」という不安の声が出ているようだ。そういう意味では「風評被害」が起きていると言っていい。

しかし、不景気だから入りたいとか、親を説得できないような若者は、そもそも自衛官には向かない。「自衛隊の制服を着た国家公務員」にならないため、今回の減少傾向が、むしろ組織の質的向上の追い風となればいい。

ただ、自衛隊の人材確保には今後、避け難い問題もある。それは国全体が悩んでいる少子化の進行だ。景気の向上と少子化、またこのところ、地方公務員である警察官や消防士の処遇が自衛隊よりも良いということで、そちらに流れる傾向もあるようだ。

ただ、そもそもこれまで日本は自衛隊の人員削減をずっと続けてきた。その結果、いまや酷《ひど》い充足率となっている。だいたい運用に必要な定員が決まっているのに、「充足率」なる言葉があること自体がおかしい。

北朝鮮のミサイル対処をするイージス艦は休みなく警戒態勢をとっているが、海上自衛隊は定員に3000人も足りないのである。ここまでにしてしまった政治の罪は重い。

人員増（増と言っても減らしていたので「戻す」ということだが）だけは人件費の問題もあってなかなか踏み込めず、ここに来てやっと数百人規模ながら増やそうとしたが、すでに前述したような理由で人が集まらなくなっていたのだ。

士気を醸成することが最大の国防費節約

少子化の問題は、自衛隊においても深刻だ。

15歳から64歳の「生産年齢人口」は1990年代前半には8700万人いたが、2016（平成28）年には7600万人と、約20年で1割強減っている。

さらに、高校卒業後すぐ仕事に就く人は少なくなり、2015（平成27）年3月卒の高卒就職者は約18万6900人と、大卒就職者（約39万7000人）の半分以下になった。高卒就職者は、自衛隊の主力世代の若者に該当する。

一方で、奇妙な現象も起きている。

主に高卒者を対象とした一般曹候補生に、大卒者が25％もいるのだ。これらの若者が幹部ではなく、いわゆる一兵卒として自衛官になるには体力的にも相当な努力が必要で、尊敬に値する。だが、景気回復とともに、他に魅力的な雇用が増えれば流れる可能性も否めない。

何しろ給与など、待遇では高卒者と同じである。処遇を上げて、少子化対策の一助としたいところだが、それには防衛費の増額など、またぞろお金の問題が生じ、壁は高いのである。

もちろん、給料を上げればいいという問題だけではない。もっとも案じなければならないのは、士気旺盛な人ほど自衛官を諦めてしまう傾向があることだ。つまり、「こんな組織では国を守れない」という気持ちにさせてしまうことである。

兵士が処遇に拘泥《こうでい》しない、そのような士気を醸成《じょうせい》することが最大の国防費節約と言われるように、まさに大事なのは、憲法に起因する自衛隊の矛盾を改善し、名誉と誇りを持てるようにすることだろう。

一方、様々な事情で自衛官を辞めても、即応予備自衛官になる人がいることはせめてもの救いだ。だからこそ、国は彼らの働く環境に対して、もっと目配りしてもいい。彼らは一般企業に勤めながら年間30日間の訓練をこなさねばならないために、即応予備自衛官の雇用企業には、1人あたり月額4万2500円の給付金が支給されるが、働き手が1カ月間いないことを補うには足りず、雇われる側としても居づらくなるようだ。

そのため、職場を転々とする人が少なくないという。防衛省としては、雇用企業に対する法人税の減税を求めている。

どうも人材不足解決には、「女性の活用」のほうが聞こえがいいようだが、これについては、現実はPR的要素のほうが強いのではないかと若干、懸念を抱いている。

真剣に施策を進めるのであれば、米軍のように、結婚しても勤めつづけられるよう、育児・教育など、すべてのインフラ整備が欠かせない。わが国には、その覚悟も、コストの見積もりもできていない気がしてならない。

そして、かりに多くの苦労と多額の国費を投入して「女性の活用」という目標が達成できたとしても、ある日、「結婚・出産を機に辞めます」「子供は預けたくありません」と言われたら、誰も責められないということも肝に銘じておきたい。

退職後の職業を聞いてみると……

自衛隊の色々な部隊にはだいたい、その部隊を知り尽くしたベテランがいる。その

「親父」的な人が定年退官して、思いがけないところで声をかけられることがあるが、再会が嬉しい半面、寂しさも感じてしまう。

「○○でお会いしましたね」

スーツや普段着を着た目の前の男性からは、にわかに思い出せないことも多い。だが、よく見ると、ついこの前まで救難機に乗り組んで危険な現場での救助活動を行っていた人であったり、災害派遣の現場で泥まみれになって汗を流していた人だったりする。若い自衛官を叱咤激励《しったげきれい》していたときとは別人のようだ。

退官後の職業を聞いてみると、まことにもったいないと感じるケースが多い。警備員、高速道路の料金所、運送業、荷物の仕分け、旅館の送迎バスや幼稚園バスのドライバー……。

ある自衛隊関係の新聞で、退官後の生活のリポートがあり、○○小学校に再就職したとあったので、その幹部自衛官であった方のキャリアからして、てっきり何らかの立場で教育に携わっているのかと思ったら、肩書に「用務員」とあった。

文面は、卑屈なものはまったく感じさせない、子供たちへの愛情と熱意に溢れるものであり、まさに「与えられた環境で最大限」の自衛隊魂で頑張っておられるようであった。

もちろん、仕事に優劣などない。どんな仕事であれ、人のために働くことは尊いことだが、およそ、自衛官時代に築いた実績や人物としての価値が活かされているとは言い難いものばかりだ。

一方、保険会社などに再就職したために、元部下たちへの勧誘を期待されていることに苦痛を感じて退職したという話も聞く。こうした場合、再再就職までは自衛隊でも支援しきれず、自力での就職活動となるが「20社受けて全滅でした」などと肩を落とす声もあった。

東日本大震災後、国家公務員の給与削減が実施され、この時期に退官を迎えた人は退職金も激減した。子供の進学を諦める、財産を売るなどしても、年収100万円程度では毎日が不安ばかりだ。

それでも、再就職先がスムーズに決まるだけでも良しとされている。あらゆる隊員の再就職を決めるため、自衛隊では援護業務課が奮闘しているが、階級の高い幹部の再就職を決めるだけでも実際には大きな苦労があり、すべての隊員にまで行き渡らない。

かなりのキャリアがあっても、時給750円の仕事にも就けないという。退職金も少ないため、とにかくブランクを空けずに早く決めたいと選んだ先が、スーパーの総菜売り場だったりするのだ。

ついこの前まで制服を着て部下をとりまとめ、米軍との演習で活躍し、災害派遣で人々を助けていた自衛官に、これが相応《ふさわ》しい仕事なのか。この処遇が適切なのか。皆さんは、どう感じるだろう？

よく問題視されることに「自衛隊は年配隊員の数ほど多く、若い隊員が少ない構図だ」というものがある。いわゆる「逆ピラミッド型」の人員構成にしてしまったことで、実際に活動できる若年隊員があまりいないというものだ。

しかし、これは正しい指摘ではない。年配隊員が多ければ、その人たちが若い隊員を先導し、指揮を執ることもできる。どのようにでも展開可能だ。もし若い隊員ばかりで指揮を執れる人が少なければ「動けない軍」になってしまう。

「逆ピラミッド型」悪玉論は、予算が増えないなかで人件費を抑えなくてはならないという概念に縛られた話にすぎない。要はパイを増やせばいいのだ。

これまでの人員削減で、あまりにも人が足りなくなり、切迫した状況になってしまった今、やっと少しの増員が認められるようになったが、すでに景気上昇や少子化などの影響で「募集が厳しくなっている」と言われている。

しかし、これは長年、わが国が続けてきた安全保障政策の不作為であり、「募集が厳しい」などという言葉で切って捨てる、単純なことではない。人減らしだけでなく、精強な自衛官が国への奉仕を終えた後に年収100万円程度の生活をしているような、「人をなおざりにした安全保障政策」が、これまで続けられてきたのだ。

そんな組織に誰が入りたいと思うだろうか？「人が集まらないから女性をもっと活用する」？　笑わせる話だ。その前に、もっとすべきことがあるだろう。

自衛隊員は国民の税金で育成された「国有財産」であり、使い捨ての便利な道具ではない。制服を脱いだ自衛官が終生、輝きを失わない施策が、私はもっとも重要だと思っている。

具体的な方向性が示されていない「賞じゅつ金」

わが国は、現役自衛官に対する名誉と誇りについて無頓着であるだけでなく、殉職時に与えられる「賞じゅつ金」も一部地方公務員に及ばないという実態がある。「賞じゅつ金」については、これまで公然と議論することが避けられてきたが、最近やっと国会でも議論が交わされるようになった。

自民党の佐藤正久参議院議員によれば、自身が自衛官時代に実際に経験したゴラン高原とイラクへの派遣では、殉職した場合に授与される金額が異なっていたという。ゴラン高原のときは6000万円で、イラク派遣では9000万円だったということであった。

一方、消防隊員が殉職した場合は9000万円である。警察官や消防士は地方公務員であるため、国からだけでなく、都道府県や市町村からも賞じゅつ金が授与される。それらを合わせると最高授与額が9000万円になる場合があるのだ。

同じく危険と向き合う自衛官の任務の特殊性を鑑み、「同レベルにすべきだ」という指摘は、以前から関係者のあいだでは出ている。

昨今の任務の困難性・危険性を踏まえ、海賊対処行動や原子力災害派遣、そして南スーダンPKOにおいて「駆けつけ警護」を行って殉職した場合は、最高授与額が9000万円に増額されている。

しかし実は、防衛出動や治安出動で殉職した場合の賞じゅつ金は規定されていないという。過去に防衛省内で行われた有識者会議でも議題にあがった記録があるが、具体的方向性は示されなかったようだ。

この部分を規定すべきか否かは私には判断できない。ただ、空欄であることへの懸念は、その時々の最高指揮官判断で内容が決められるといったファジーな約束の下で、自衛官は有事に戦わねばならない、ということになるだろう。

今すぐ金額を決めてほしいという問題ではないが、少なくともこれまで述べてきた「自衛官の名誉と誇り」についての様々な検討が、もっと具体的に進められるべきであることは間違いないだろう。

また、各地の自衛官による事件・事故が多発しているが、根本的な対策は、まず国防を担う一員としての名誉を担保し、その自覚を持ってもらい、組織として「信賞必罰」のあるべき姿を追求することではないだろうか。

「貴殿はなぜ勲章をつけないのか？」

自衛官が初めて海外での公式なパーティーなどに出席すると、非常に戸惑うことがあるという。

「今日は礼装なのに、貴殿はなぜ勲章をつけないのか？」

普通の国では、軍人がその功績に応じた勲章を国から授与されて礼装を飾っているが、自衛隊にはこれがない。防衛省が独自につくっている防衛功労賞や、その略章にあたる防衛記念章があるだけだ。

公式な場では「服装違反」にもなり、他国の軍人に指摘されたという話はかねてより聞く。公式なパーティーに出席するような士官が、「これまで一度も勲章を受けていないのか?」と訝《いぶか》しがられるのだという。

また、退官後のことになるが、自衛官の叙勲については安倍晋三政権になって、初めて統幕議長経験者が瑞宝大綬章を受章した。これまでは1ランク下の瑞宝重光章だった。首相の指示でランクアップしたことはあまり知られていないが、大きな前進と言える（ちなみに、東京大空襲の指揮を執ったカーチス・ルメイ大将はじめ、米軍司令官には旭日大綬章が与えられている）。

自衛官の叙勲全般を見れば、依然として不十分な状況は続いている。55歳前後で定年を迎える若年定年制の自衛隊は、叙勲の対象となる通算在職年数が、60歳まで勤務する他の公務員に比べて短い。

叙勲は在職年数が関係するため、自衛官は相対的に低い等級に位置づけられる。また対象者の数も、警察や消防などと比べて抑制的となっているようだ。

国のために命を懸けている自衛官が、「公務員としての勤務年数」といったモノサシで測られ、しかも低く格づけられていることに疑問を抱かざるを得ない。自衛官が特別職国家公務員であることの歪《ゆが》んだ構図といえる。

また、2003（平成15）年度より危険業務従事者の叙勲制度が始まったが、制度開始前の退職自衛官には適用されないため、受章から取り残される人々が存在するようになってしまっている。

つまり、自衛官の受章枠を拡大しないかぎり、かえって不均衡になってしまうという現実もある。たとえば、努力して選抜で幹部に昇任した人や、叩き上げで勤めあげて後輩たちの育成に尽力した人などが、受章の対象者になってもいいはずだ。

誰にでも授与できるわけではないということかもしれない。だが、国家防衛という特殊性に鑑みれば、職務をまっとうしたすべての隊員に、生存中に国家として、名誉を付与することが、あるべき姿と言えるだろう。

あの英国の歴史的名将ネルソン提督は、戦いぶりもさることながら、戦後の部下たちの給与など、処遇の向上を訴えて走り回り、とくに兵士に与えられる記念メダルについてはこだわった。政府がこれを廃止しようとしたときには猛烈に反対し、自ら何度も直談判《じかだんぱん》したという。

トラファルガーの戦いでは、敵に狙われやすいので胸に付けた勲章の数々を外したほうがいいと促されても、「自らの戦歴なのだから、それはできない」と頑《かたく》なに拒み、敵兵の銃弾に斃《たお》れた。

その価値観は、軍人にしかわからない。しかしシビリアン・コントロールとは、そうした感性をもよく理解することではないだろうか。

米軍の家族サポート体制

自衛官が後顧《こうこ》の憂《うれ》いなく任務に赴くためにも、自衛官の家族に対するサポートや、夫婦ともに自衛官である家庭への支援は極めて重要だ。ただ自衛隊では、そうしたことに十分な予算が投入できる余裕はまったくないのが現実である。

重ねて述べるが、今後、自衛隊の活動範囲が広がる可能性や大規模な体制移行が実施されることを考えれば、これらの側面を充実させることは同時に進めるべきことである。航空機を購入する際に、格納庫や整備員が必要なのと同じだ。

一方で、米国では「家族をサポートする」体制もしっかりしているが、「家族がサポートする」姿勢も根づいている。

米陸軍の配偶者で構成される「FAMILY READINESS GROUP（FRG）」は、中隊以上で必ず編成することが陸軍規則によって定められているという。「銃後の妻」というより、ともに戦っているという発想から、「サポート」ではなく「レディネス（即応）」になっているようだ。

彼女たちは留守家族同士でバーベキューをしてコミュニケーションを図っている。

妻が兵士である夫の悩みに気づいたら、指揮官の妻であるFRGリーダーに相談し、リーダーが夫に伝えて早期の対処につなげるといった機能も持っている。また、独身兵士への帰還後の生活支援や、妻に夫の戦死を知らせるといった極めて重い役割も担っている。この活動はすべてボランティアで運営されているため、基地開放日の売店などで資金集めをしているという。

自衛隊では、これまで官舎で自然発生的に助け合いがなされていたが、官舎の家賃値上げなどの要因もあり、官舎を離れる隊員家族が増えている。米軍と同様の活動とは言わないまでも、何らかのかたちで、同様の体制構築の必要性があることは確かだろう。

また、米軍では子供のケアが非常に行き届いていると感じる。託児施設は年齢によって分けられ、アレルギーの有無、健康状態などがデータ化され、異動先にも引き継がれる仕組みだ。

両親ともに軍務に就く場合も少なくないなかで、こうしたサービスは女性側のキャリアを阻害せずに済むのである。これは軍にとっても、せっかく育成した人材を失わずに済む方策と言える。

そして、託児施設に頼るだけでなく、緊急時には迎えに行ける知人を3人登録するなどの決まりもあり、「自助共助」の仕組みが徹底されているのである。

米軍の住宅や設備などを見ると、その充実ぶりに驚かされる。それは戦地で死ぬかもしれない将兵という、米国ならではの事情があるとはいえ、国家としての作法というものなのだろう。

自衛隊に足りない大切なものとは?

陸上自衛隊の、ある部隊を訪れたとき、トイレに入ると、女子トイレにトイレットペーパーが1つしかなく、一緒に入った女性たちと探し回ったことがある。

また、別の所に米軍関係の女性と行った際には、トイレのドアに貼ってあったドロボーがトイレットペーパーを盗んでいる絵にビックリ仰天していた。

彼女は、敷地内に買い物ができるカミサリーやら学校やらがないことだけでも驚いていたようだったので、これほどに物がないとは衝撃だったようだった。

いずれにしても、私は1つの事実を確信した。それは「陸上自衛隊にはトイレットペーパーがない」ということだ。

「たくさん使うヤツは自分で買ってこいと言われています」

笑い話ではない。本当の話だ。予算としては1人当たり60センチまでしか認められていないと聞いたことがあり、ある年はそれがさらに数十センチも短縮されそうになり、陸上幕僚監部の担当部署で必死に食い止めたのだとか。

いずれにしても定規をトイレに持ち込んで測るわけにもいかず、「早い者勝ち」でなくなっていくトイレットペーパーは、陸上自衛隊員にとって、もっとも競争率の高い装備品と言える。訓練などで他部隊に訪れるときは、自前を持っていくのが当然のしきたりだ。

ある雨の日、大分県の日出生台《ひじゅうだい》演習場で大きな演習が行われ、研修を受けたことがあった。「紙不足事情」を知っていたので極力遠慮しようと思っていたが、冷えて、つい仮設トイレを利用した。

幸い私は大丈夫だったが、他の所にはいずれも紙がなかったようで、それと知った隊員さんが雨の中を走ってトイレットペーパーを持ってきた姿に胸が痛んでしまった。知らなければ「なんと用意が悪いんだ」と思うだろう。でも、彼らは決して言い訳などしない。

今、防衛省・自衛隊は劇的に変わろうとしている。いや、そうせざるを得ないほどに日本に危機が迫っていると言ってもいい。

中国や北朝鮮のミサイル技術は進化を遂げ、何らかのきっかけにより、日本が戦場になる可能性は除去できない。

よく「米軍なしでは日本を守れない」という話を聞くが、自衛隊は、これから、通常戦力で米軍に依存せずに自分の国を守ることが求められる。

そのために自衛隊は訓練を行い、精強化を図っているが、やはり最後は「何かが足りない」。

それが何なのかを考え、解消させるのは、国民の課題だと私は思う。少なくとも今は、どんなに最新鋭の装備を揃えていても、名誉の象徴である勲章もおぼつかず、退官後に心配があり、トイレットペーパーが足りない組織であることは間違いないのだ。

あとがき

米国の第45代大統領にドナルド・トランプ氏が就任しました。「日米同盟はどうなるのか」「日本の安全保障は大丈夫なのか」ということが各所で議論されていますが、その内容は「駐留経費は全額負担するのか」「さもなくば米軍は撤退するのか」といったものが大半で、とても恥ずかしいレベルのものばかりのように私は感じます。「日本は駐留経費の86％も払っている」「他国に比べて割高」と言われます。でも、このほとんどは光熱費や日本人を含めた基地で働く人への賃金で、つまり国内に還流しているお金です。

また、同じように米軍が駐留する他国とは軍の役割や安全保障環境などが違い、単純に比較はできません。

一方で、米軍は北朝鮮のミサイルに備えて日本近海にイージス艦を展開させ、空母を配備し、戦闘機や爆撃機も日本各地に置かれています。

これらは米国のみならず日本の抑止力にもなっており、それらをひっくるめれば、駐留経費どころではない規模のコストを日本にも使っていることになります。そして、そう考える人がトランプ氏に1票を投じたという現実も、またあるのです。

実際には、米国が日本から基地などの施設を完全に引き揚げるようなことはないと私は思います。

というのも、日本国内には米軍基地が84カ所、日米共同使用の施設が50カ所あり、合わせて134カ所の米軍の拠点たり得る場所がありますが、これらは米軍の出撃・兵站《へいたん》の極めて重要な場所で、もし失われれば、アフリカ南端まで行動する米軍の軍事力の支えがなくなるからです。

米国との同盟関係の中でも日本と同等の条件である国はなく、私たちは「本当に在日米軍がいなくなるのか？」と狼狽《ろうばい》する必要はないのです。

しかし、「アンタが中国やロシアに大きな顔をできるのはアタシのおかげなの！」などと、下品な妻のごとき態度をとることが得策であるはずはありません。

もちろん、そうかといってアメリカから「尖閣《せんかく》諸島に日米安保条約第5条が適用される」と明言されたことにすっかり安心してしまうのも適切な反応ではないでしょう。施政下にあれば安保条約が適用されるのは言うまでもないことで、それを確認したまでです。

逆に日本の施政下でなくなる、つまり中国が尖閣を占領するような事態になれば話は別ですので、そうならないよう日本は必死に食い止めるということが大前提なのです。

また、「トランプ風圧」により日本の防衛費がGDP比1％超えを要求されるのではないかという憶測があり、そのあたりも議論の的になっています。

この点について、国内で起きている反応には若干、早合点や思い込みもあるように私は感じます。

そもそもの誤解は、「日本は自力で国を守れない」という言葉の意味から始まるのではないでしょうか。

「自衛隊だけでは国土・国民を守ることができないのか？」という問いかけに対するその答えが、多くの人々にとって難解なのかもしれません。

実際、日本の防衛は自衛隊が担っています。ですから、「日本は自分たちで自国を守れない国だ」と言ったら語弊があります。自衛隊は有事に備えての訓練を行っており、日本を守ります。

ただし、行動できる範囲や予算が限定的になっていて、その分を米軍が補塡《ほてん》する構図となっているわけです。ですから、できる範囲内で最大限やるということです。具体的には、いわゆる予防的措置はとれないということです。これは米国がつくりあげた関係です。

＊

これはわが国としては、ある意味で、お得な防衛をしていることになります。「核の傘」など、自国で保有するとなれば抵抗感が強いことでも、同盟国がその傘をかざすだろうという（それがどの程度の確実性かはともあれ）可能性が少しでもあることが、抑止力になります。

何しろ、中国も北朝鮮も周囲の国々は核を持っていて、なおかつそれを搭載できるミサイルもある。これらの攻撃を防ぐためには同等かそれ以上の能力を持つしかありません。その機能を米国という別の国がやってくれるというのですから。

米国内にも様々な考え方があり、日本にあまり力をつけてもらっては困るという意思もありましたので、古くは米国が日本の「瓶のフタ」と言われたように、暗黙のコンセンサスの上で成り立ってきたと考えられます。

そのような考え方の下、日本の防衛費は40％以上が人件・糧食費です。その他のお金の中で装備の維持整備や基地対策、米軍に関わる費用も捻出《ねんしゅつ》していますので、そもそも、その程度の規模で、米国が攻撃を受けたら日本が助けてくれるとは、米国も期待していないでしょう。

そうしたなかで今、「GDP比2％」まで防衛費を引き上げる風圧がトランプ政権から吹いてくると言われはじめたのですが、それはどちらかというと、ミサイル防衛など米国製の装備品導入が主たる要求となるのではないかと考えられます。

そうであれば、GDP比2％だといっても、その増えた分は結局、米国企業に入ることになり、なぜ「日本を強くしたい」と言う人々がその点を検証せずに手離しで歓迎しているのか、ちょっと不思議です。この増額は、いわゆる「自主防衛」には繋がりません。

いえ、もちろん防衛費増は良いことです。私はここ10年近く、それを訴えてきました。ミサイル防衛も否定するわけではありません。

でも、どうも世の中では、「防衛力を強化する」とは何か、それを勘違いしている見方が大勢を占めているような気がしてならないのです。

それは、これまで米国が担ってきた役割の多くを自衛隊でできるようにすることであり、また、防衛力の基盤を頑丈なものにすることではないでしょうか。

本気で考えるなら、自衛隊の人手不足対策に今すぐ着手すべきです。今は景気の回復や少子化で募集が厳しくなりつつありますが、そもそもずっと定員の削減は続いていたのであり、倍率は高く、人気がないわけではないのです。

本当は政治の不作為に問題の本質があり、あるいはこの問題について真剣に声を上げてこなかった防衛省・自衛隊にも責任があると言わなくてはならないでしょう。

本書では触れませんでしたが、私自身はここ数年間、装備行政に対する提言をしてきました。装備を買うのもまったく同じで、「与えられた範囲内で」の概念に雁字搦《がんじがら》めになってきた感があります。

「国産はお金がかかる。応援すれば癒着などと疑われる」という考え方でここまで来て、気づいたら国産装備は技術者がいなくなり、危機的な状態になっていました。

要するに、日本の安全保障政策は「人」に目が向いてこなかった。このことはもっとも大きな失策だと私は思います。

もしかしたら、今後はＡＩ（人工知能）などで軍の戦力がロボット化し、喜びも悲しみも感じない無感情な戦力の担い手が登場するのかもしれません。そうなれば、傷病者もPTSD（心的外傷ストレス障害）などもなくなり、国の財政には痛手にならず、兵士の心が傷つくこともなくなるでしょう。

しかし、もしそうなっても、まったく人が関係しないことはあり得ませんし、大事な情報を持っているのは人ですから、人の軽視は国家機密流出のリスクにも繋がりかねないのです。

軍における「人」の存在や、今後の日米同盟を考えるうえで示唆的なエピソードを最後に紹介します。

*

２０１６（平成28）年12月7日夕刻、岩国基地所属の米海兵隊ＦＡ-18戦闘攻撃機が高知県沖に墜落しました。パイロットは脱出したものの行方不明となり、海上自衛隊などによる夜を徹しての捜索が行われました。

そして17時間近く経った8日午前、海上自衛隊の救難飛行艇ＵＳ-2がパイロットを発見。しかし、その後、死亡が確認されたのです。この日は奇しくも日米開戦の日で、恩讐《おんしゅう》の彼方の英霊への祈りは届きませんでした。

海での捜索は野球場で針を捜すのに等しいと言われ、しかも冷たい冬の海でもあり、一刻も早く見つけ出してあげたいという思いの中で必死の捜索となったようです。執念の発見でした。

そのとき、現場や司令部で、徹夜で捜索活動に関わった陸・海・空の自衛官たちは思わずガッツポーズをし、歓喜に包まれたものの、しばらくして悲報が入ると、がっくりと肩を落としたと言います。

亡くなったのはジェイク・フレデリック大尉32歳。小さな息子さんがいて、近く赤ちゃんも生まれる予定でした。お父さんも兄弟もやはりパイロットで、「空を飛ぶことを夢見て育ち、その夢を叶えたのだ」と『星条旗新聞』紙上でお母さんは語っています。

日本では国内外で日本人の死亡事故や事件が起こると、被害者の人となりをやたらと取り上げるのに対し、今回のような事案では「米軍パイロット死亡」という無味乾燥な報道だけしか出ず、また政府からも原因究明を求めるといったコメントしか表に出てこなかったのには違和感を覚えました。まして、岩国への米軍機配備や基地反対などの運動に利用されるなど、見るに堪えませんでした。

同じ週末にフレデリック大尉の葬儀が行われました。クリスマス前のこの頃、米軍基地ではどこも華やかなデコレーションがなされているものです。軍人が家族とともに過ごすもっとも大切な日を前に、大切な人を失った悲しみは、どれほどのものだったでしょうか。

以下は、かつて海上自衛隊岩国基地で航空部隊指揮官を務められたOBの方のメッセージです。

ＵＳ−２救難飛行艇（海上自衛隊ＨＰより）

「洋上でのとくに低高度夜間飛行は生死を賭けたもっとも厳しく、しかも、もっとも必要とされる高度な技能術科の1つです。亡くなられた海兵隊パイロットのご家族、同僚、部隊のことを思うと、西太平洋地域での平和と安定に命を賭して寄与された、そのご功績と忠誠に対し、同盟国日本の国民の1人として哀悼《あいとう》の誠を捧げたい」

日々の出来事に忙殺され、私たちにとっては、この事故もいずれ過去のことになってしまうのでしょう。しかし家族の悲しみは、ずっと続きます。この事故に対し、日本政府は公式な場で哀悼の意を示してもよかったのではないでしょうか。

さらに情けないのは、この事故から1週間も経たないうちに起きた海兵隊MV−22オスプレイの事故に端を発する一連の騒ぎです。

市街地を避け、海上に不時着したことは、危険を承知での被害を最小限にとどめる選択であり、それは評価されてしかるべきことです。この事故に対する日本人の態度も酷いものでした。

日本人はよく「夜間」の訓練を問題にしますが、地震も台風もいつ起きるかわからないのであり、そうした事態を想定しての訓練であることは言うまでもありません。家族を大切にする人が多い米軍人。誰だって、そんなことはやらずに早く家に帰りたい。必要があるから行っているのです。

4軍調整官のローレンス・ニコルソン中将の会見での言葉が居丈高《いたけだか》ではないかと取り沙汰されましたが、立てつづけに殉職者と負傷者を出した組織のトップであることを考えれば、心中察するに余りあります。部下に責任を負わせない姿勢に、素晴らしい指揮官のあり様を見た気がします。

彼らは紛れもなく日本を含めた東アジアの平和のために寄与しているのであり、各所から「飛行停止」だの「出ていけ」だのと言われ、不快感を抱いていてもおかしくありませんが、それを言わないのは、もしかしたら日本をまだまだ無知な子供だと思っているからかもしれません。

そして、このような厄介な子供にしてしまったのは日本の政治であり、また「愛される自衛隊」を続けてきた副作用とも言えます。そういう意味でも、もはや「愛されたい自衛隊」に腐心する時代は終わったと私は思っています。

＊

「自衛隊が感謝されるのは国民が不幸なとき」と言われた時代を過ぎ、自衛隊が任務を遂行していれば自然に国民に愛され、必要性がわかる、それがあるべき姿ではないでしょうか。

そういう認識を国民が共有できるようになれば、おのずと在日米軍に対する知識もまともになるのではないかと思います。

軍事の知識もなければ感謝の念もない――私たちは日本人として国としてのあり方を省みる必要がありそうです。トランプ政権の主要スタッフに軍人が多くいることからも、この必要性を感じます。

「トランプ政権に、いかに対峙するか」などと議論するのは、まず日本人の甘えと慢心を取り除いてからではないでしょうか。

米軍であれ自衛隊であれ、人々の「ありがとう」が何よりの励みであることは変わりありません。1日も早く大人の国になって、素直にそんな言葉が投げかけられる日本になることを私は願います。

本書の執筆にあたっては、ＰＨＰ研究所・学芸出版部の白石泰稔編集委員にお声がけいただき、紆余曲折を経て発刊に漕《こ》ぎつけることができました。この場を借りて、心より感謝申し上げます。

平成29年4月

桜林美佐

文庫版のあとがき

『自衛官の心意気』（旧題）をPHP研究所から出版した当時、米国ではトランプ大統領が誕生していました。すでに時が経ち、世界の情勢とそれに伴う自衛隊の置かれた状況もめまぐるしく変化を続けています。

本書ではまず「駆けつけ警護」が可能になったことが画期的な進展として書きましたが、南スーダンへの部隊としての派遣は現時点で実施していないことからも、ほとんど取り沙汰されなくなっています。

しかし、２０２１年のアフガニスタンの米軍撤退に伴う邦人など関係者の輸送は、この任務遂行型の武器使用（いわゆる「駆けつけ警護」）が可能になっていたからこそ実行できたと言っていいでしょう。

また、本書では「キャパシティ・ビルディング」（能力構築支援）という言葉を用いていますが、その後、東南アジア諸国の成長は著しく、もはや「上から目線」のこの言葉を使うことは適当ではないという指摘も出てきています。時代は確実に進んでいると感じます。

そして、中国などに比べ自衛隊は大げさに宣伝しないためPR下手であることにも触れましたが、昨今は「戦略的コミュニケーション」として、広報の戦略的位置づけが一層重要になっています。各国がこれにしのぎを削っていて、私たちが普段、何気なく見ているSNSの投稿などもすでに「認知戦」における「戦うための武器」の一つであることは共通認識になっています。

さらに、自衛隊は従来の能力に加え「宇宙・サイバー・電磁波」といった新たな領域での機能も要求されています。限られた人的資源の中でこうした課題をいかに解決していくかの挑戦が始まっています。

一方、自衛隊のトイレットペーパー不足は、本書を出版した当時まだそれほど知られていませんでしたが、その後、様々な方がこの実情を発信され、国会でも取り沙汰されるようになりました。

そのため、トイレットペーパーの予算はしっかりつけるべきだということになり（当たり前かもしれませんが！）、全自衛隊あげての徹底的な調査の上、重点的に手当されるようになったようです。

ただ、私としてはちょっと複雑な心境で、これはあくまでも自衛隊における予算不足の象徴的な事例として紹介したつもりでしたので、トイレットペーパー「だけ」予算措置が強調されるというのは本意ではありません。

自衛隊に関するメッセージを伝えることの難しさを改めて感じています。わが国では軍事や軍人という概念がほとんどないので、このような方向性に落ち着いてしまうのかもしれません。

トイレの話ついでにもう一つ、災害派遣で陸上自衛官が活動中にトイレに行かれないことについて「可哀想だ」という話がネット上などで出たことがありました。

そこで、コンビニ等のトイレを自衛隊に使わせてあげるべきだという声が沸き上がりました。自衛官は活動中にトイレをガマンするため、ビニール袋を持参したり、日中は飲食をしないようにしていますので、これはありがたい運動ではあるのですが、実のところは「自衛隊をばかにするな！」という自衛官からの反応が少なからずあったことも事実です。

そもそも野戦の訓練を積んでいる陸上自衛隊は、壮絶な環境下でも戦い続ける訓練をしています。だからこそ、災害派遣でも長期間の活動が継続できるのです。警察や消防の方々との決定的な違いの一つです。

訓練で想定されている状況は敵が潜んでいるか分からず、仲間は殺されるかもしれないというものです。休憩など取れません。夜間は体を休めるどころか最も警戒しなければならない時間であるという超ストレス環境なのです。

災害派遣では身の危険を感じずに休憩できるわけですから、平素の訓練よりも容易なのです。自衛官の災害派遣での活動は、この訓練があってこそのものです。雑魚寝をしたりトイレも行かれないのは気の毒だと言われますが、これが軍隊の姿だということです。

トイレの問題が取り沙汰されたのは、災害派遣の場合は人々のいる中での活動であるため、草むらで用を足すわけにもいかないということで、そのためのビニール袋を持参していたことが分かり、衛生上の理由からも対処が求められたようです。

自衛官はプロの「軍人」であり、サバイバル能力を備えています。女性自衛官も全く同様です。こうした働きができるのは自衛官をおいて他にありません。多くの方が、本書をきっかけに「自衛隊ならでは」の特徴、その本質に触れて頂くことになれば幸いです。

最後に、本書文庫化を進めて下さった潮書房光人新社の小野塚康弘様に感謝申し上げます。なお、本書に登場する自衛官の階級等は原文のままとしています。

２０２２年　春

桜林美佐

単行本　平成二十九年六月「自衛官の心意気」改題　ＰＨＰ研究所刊
装　幀　伏見さつき
ＤＴＰ　佐藤敦子

産経NF文庫

本音の自衛隊

二〇二二年三月二十四日　第一刷発行

著　者　桜林美佐

発行者　皆川豪志

発行・発売　株式会社　潮書房光人新社

〒100-8077　東京都千代田区大手町一-七-二

電話／〇三-六二八一-九八九一(代)

印刷・製本　凸版印刷株式会社

定価はカバーに表示してあります

乱丁・落丁のものはお取りかえ致します。本文は中性紙を使用

ISBN978-4-7698-7045-6　C0195

http://www.kojinsha.co.jp

産経NF文庫の既刊本

誰も語らなかったニッポンの防衛産業

桜林美佐

防衛産業とはいったいどんな世界なのか。どんな企業がどんなものをつくっているのか、どんな人々が働いているのか……あまり知られることのない、日本の防衛産業の実情について分かりやすく解説。大手企業から町工場までを訪ね、防衛産業の最前線をリポート。

定価924円（税込）ISBN978-4-7698-7035-7

日本に自衛隊がいてよかった

自衛隊の東日本大震災

桜林美佐

誰かのために—平成23年3月11日、日本を襲った未曾有の大震災。被災地に入った著者が見たものは、甚大な被害の模様とすべてをなげうって救助活動にあたる自衛隊員の姿だった。自分たちでなんでもこなす頼もしい集団の闘いの記録、みんな泣いた自衛隊ノンフィクション。

定価836円（税込）ISBN 978-4-7698-7009-8

産経NF文庫の既刊本

封印された「日本軍戦勝史」①②　井上和彦

日本軍はこんなに強かった！快進撃を続けた緒戦や守勢に回った南方での攻防戦など、第二次大戦で敵闘した日本軍将兵の姿を描く。彼らの肉声と当時の心境、敵が見た日本軍の戦いぶり、感動秘話などを交え、戦場の実態を伝える。

①定価902円（税込）　ISBN 978-4-7698-7037-1
②定価902円（税込）　ISBN 978-4-7698-7038-8

「美しい日本」パラオ　井上和彦

なぜパラオは世界一の親日国なのか――日本人が忘れたものを取り戻せ！　太平洋戦争でペリリュー島、アンガウル島を中心に日米両軍の攻防戦の舞台となったパラオ。圧倒的劣勢にもかかわらず、勇猛果敢に戦い、パラオ人の心を動かした日本軍の真実の姿を明かす。

定価891円（税込）　ISBN 978-4-7698-7036-4

産経NF文庫の既刊本

日本が戦ってくれて感謝しています2

あの戦争で日本人が尊敬された理由

井上和彦

第1次大戦、戦勝100年「マルタ」における日英同盟を序章に、読者から要望が押し寄せたインドネシア——あの戦争の大義そのものを3章にわたって収録。日本人は、なぜ熱狂的に迎えられたか。歴史認識を辿る旅の完結編。15万部突破ベストセラー文庫化第2弾。

定価902円(税込)　ISBN978-4-7698-7002-9

日本が戦ってくれて感謝しています

アジアが賞賛する日本とあの戦争

井上和彦

インド、マレーシア、フィリピン、パラオ、台湾……日本軍は、私たちの祖先は激戦の中で何を残したか。金田一春彦氏が生前に感激して絶賛した「歴史認識」を辿る旅——涙が止まらない！感涙の声が続々と寄せられた15万部突破のベストセラーがついに文庫化。

定価946円(税込)　ISBN978-4-7698-7001-2